普通高等教育"十一五"国家级规划教材
高等学校环境艺术设计专业教学丛书暨高级培训教材

室内设计程序

（第三版）

清华大学美术学院环境艺术设计系

郑曙旸　编著

中国建筑工业出版社

图书在版编目(CIP)数据

室内设计程序/郑曙旸编著. —3版. —北京：中国建筑工业出版社，2011.11（2021.6重印）
普通高等教育"十一五"国家级规划教材. 高等学校环境艺术设计专业教学丛书暨高级培训教材
ISBN 978-7-112-13592-9

Ⅰ. ①室… Ⅱ. ①郑… Ⅲ. 室内装饰设计—高等学校—教材 Ⅳ. ①TU238

中国版本图书馆CIP数据核字(2011)第199610号

　　本书作为高等学校环境艺术设计专业教学丛书暨高级培训教材，是按照室内设计专业基础教材的定位编写的。这本教材可以用于"室内设计初步"、"室内设计基础"、"室内设计程序"等课程的教学。在具体的编写框架中包含了"室内设计系统"、"室内设计方法"、"室内设计程序"三大内容。由于艺术设计专业门类教学的特点，提倡不同艺术观念与不同学术观点共融，因此不同类型的高等学校与不同层次的高级培训班在使用或参考时，可根据具体的教学安排选用不同的章节与内容。

　　本书在编写体例上注意了内在的逻辑连贯性与章节内容的相对独立性。其教学要点提示与作业安排内容分列于"室内设计系统理论基础"、"室内设计系统内容要素"、"室内设计的思维方法特征"、"室内设计的图形思维方法"、"室内设计的图面作业程序"、"室内设计的项目实施程序"6个部分，以便于组织教学时参考。

＊　＊　＊

责任编辑：姚荣华　胡明安
责任设计：陈　旭
责任校对：王誉欣　陈晶晶

普通高等教育"十一五"国家级规划教材
高等学校环境艺术设计专业教学丛书暨高级培训教材

室 内 设 计 程 序
（第三版）
清华大学美术学院环境艺术设计系
郑曙旸　编著

＊

中国建筑工业出版社出版、发行（北京西郊百万庄）
各地新华书店、建筑书店经销
北京天成排版公司制版
北京京华铭诚工贸有限公司印刷

＊

开本：880×1230毫米　1/16　印张：11½　插页：24　字数：358千字
2011年12月第三版　2021年6月第二十六次印刷
定价：56.00元
ISBN 978-7-112-13592-9
(21389)

版权所有　翻印必究
如有印装质量问题，可寄本社退换
（邮政编码 100037）

第三版编者的话

中国建筑工业出版社 1999 年 6 月出版的"高等学校环境艺术设计专业教学丛书暨高级培训教材"发行至今已有 12 年。2005 年修订后又以"国家十一五规划教材"的面貌问世，时间又过去 5 年。2011 年，也就是国家十二五规划实施的第一年，这套教材的第三版付梓。

环境艺术设计专业在中国高等学校发展的 22 年，无论是行业还是教育都发生了令人炫目的狂飙式的突飞猛进。教材的编写和人才的培养似乎总是赶不上时代的步伐。今年高等学校艺术学升级为学科门类，设计学以涵盖艺术学与工学的概念进入视野，环境艺术设计专业得以按照新的建构向学科建设的纵深扩展。

设计学是一门多学科交叉的、实用的综合性边缘学科，其内涵是按照文化艺术与科学技术相结合的规律，为人类生活而创造物质产品和精神产品的一门科学。设计学涉及的范围宽广，内容丰富，是功能效用与审美意识的统一，是现代社会物质生活和精神生活必不可少的组成部分，直接与人们的衣、食、住、行、用等各方面密切相关，可以说是直接左右着人们的生活方式和生活质量。

设计专业的诞生与社会生产力的发展有着直接的关系。现代设计的社会运行，呈现一种艺术与科学、精神与物质、审美与实用相融合的社会分工形态。以建筑为主体向内外空间延伸面向城乡建设的环境设计，以产品原创为基础面向制造业的工业设计，以视觉传达为主导面向全行业的平面设计，按照时间与空间维度分类的方式建构，成为当代设计学专业的主体。

正因为此环境艺术设计成为设计学中，人文社会科学与自然科学双重属性体现最为明显的学科专业。设计学对于产业的发展具备战略指导的作用，直接影响到经济与社会的运行。在这样的背景下本套教材第三版面世，也就具有了特殊的意义。

清华大学美术学院环境艺术设计系
2011 年 6 月

第二版编者的话

　　艺术，在人类文明的知识体系中与科学并驾齐驱。艺术，具有不可替代完全独立的学科系统。

　　国家与社会对精神文明和物质文明的需求，日益依重于艺术与科学的研究成果。以科学发展观为指导构建和谐社会的理念，在这里绝不是空洞的概念，完全能够在艺术与科学的研究中得到正确的诠释。

　　艺术与科学的理论研究是以艺术理论为基础向科学领域扩展的交融；艺术与科学的理论研究成果则通过设计与创作的实践活动得以体现。

　　设计艺术学科是横跨于艺术与科学之间的综合性边缘性学科。艺术设计专业产生于工业文明高度发展的20世纪。具有独立知识产权的各类设计产品，以其艺术与科学的内涵成为艺术设计成果的象征。设计艺术学科的每个专业方向在国民经济中都对应着一个庞大的产业，如建筑室内装饰行业、服装行业、广告与包装行业等等。每个专业方向在自己的发展过程中无不形成极强的个性，并通过这种个性的创造以产品的形式实现其自身的社会价值。

　　正是因为这样的社会需求，近年来艺术设计教育在中国以几何级数率飞速发展，而在所有开设艺术设计专业的高等学校中，选择环境艺术设计专业方向的又占到相当高的比例。在这套教材首版的1999年，可能还是环境艺术设计专业教材领域为数不多的一两套之列。短短的五六年间，各种类型不同版本的专业教材相继问世。编写这套教材的中央工艺美术学院环境艺术设计系，也在国家高校管理机制改革中迅即转换中成为清华大学的下属院系。研究型大学的定位和争创世界一流大学的目标，使环境艺术设计系在教学与科研并行的轨道上，以快马加鞭的运行状态不断地调整着自身的位置，以适应形势发展的需求，这套教材就是在这样的背景下修订再版的，并新出版了《装修构造与施工图设计》，以期更能适应专业新的形式的需要。

　　高等教育的脊梁是教师，教师赖以教学的灵魂是教材。优秀的教材只有通过教师的口传身授，才能发挥最大的效益，从而结出累累的教学成果。教师教材之于教学成果的关系是不言而喻的。然而长期以来艺术高等教育由于自身的特殊性，往往采取一种单线师承制，很难有统一的教材。这种方法对于音乐、戏剧、美术等纯艺术专业来讲是可取的。但是作为科学与艺术相结合的高等艺术设计专业教育而言则很难采用。一方面需要保持艺术教育的特色，另一方面则需要借鉴理工类专业教学的经验，建立起符合艺术设计教育特点的教材体系。

　　环境艺术设计教育在国内的历史相对较短。由于自身的特殊性，其教学模式和教学方法与其他的高等教育相比有着很大的差异。尤其是艺术设计教育完全是工业化之后的产物，是介于艺术与科学之间边缘性极强的专业教育。这样的教育背景，同时又是专业性很强的高校教材，在统一与个性的权衡下，显然两者都是需要的。我们这样大的一个国家，市场需求如此之大，现在的教材不是太多，而是太少，尤其是适用的太少。不能用同一种模式和同一种定位来编写，这是摆在所有高等艺术设计教育工作者面前的重要课题。

　　当今的世界是一个以多样化为主流的世界。在全球经济一体化的大背景下，艺术设计领域反而需要更多地强调个性，统一的艺术设计教育模式无论如何也不是我们的需要。只有在多元的撞击下才能产生新的火花。作为不同地区和不同类型的学校，没有必要按照统一的模式来选定自己的教材体系。环境艺术设计教育自身的规律，不同层次专业人才培养的模式，以及不同的市场定位需求，应该成为不同类型学校制定各自教学大纲选定合适教材的基础。

环境艺术设计学科发展前景光明，从宏观角度来讲，环境的改善和提高是一个重要课题。从微观的层次来说中国城乡环境的设计现状之落后为科学的发展提供了广大的舞台，环境艺术设计课程建设因此处于极为有利的位置。因为，环境艺术设计是人类步入后工业文明信息时代诞生的绿色设计系统，是艺术与艺术设计行业的主导设计体系，是一门具有全新概念而又刚刚起步的艺术设计新兴专业。

清华大学美术学院环境艺术设计系
2005 年 5 月

第一版编者的话

自从1988年国家教育委员会决定在我国高等院校设立环境艺术设计专业以来，这个介于科学和艺术边缘的综合性新兴学科已经走过了十年的历程。

尽管在去年新颁布的国家高等院校专业目录中，环境艺术设计专业成为艺术设计学科之下的专业方向，不再名列于二级专业学科，但这并不意味环境艺术设计专业发展的停滞。

从某种意义上来讲也许是环境艺术设计概念的提出相对于我们的国情过于超前，虽然十年间发展迅猛，在全国数百所各类学校中设立，但相应的理论研究滞后，专业师资与教材奇缺，社会舆论宣传力度不够，导致决策层对环境艺术设计专业缺乏了解，造成了目前这样一种局面。

以积极的态度来对待国家高等院校专业目录的调整，是我们在新形势下所应采取的惟一策略。只要我们切实做好基础理论建设，把握机遇，勇于进取，在艺术设计专业的领域中同样能够使环境艺术设计在拓宽专业面与融汇相关学科内容的条件下得到长足的进步。

我们的这一套教材正是在这样的形势下出版的。

环境艺术设计是一门新兴的建立在现代环境科学研究基础之上的边缘性学科。环境艺术设计是时间与空间艺术的综合，设计的对象涉及自然生态环境与人文社会环境的各个领域。显然这是一个与可持续发展战略有着密切关系的专业。研究环境艺术设计的问题必将对可持续发展战略产生重大的影响。

就环境艺术设计本身而言，这里所说的环境，是包括自然环境、人工环境、社会环境在内的全部环境概念。这里所说的艺术，则是指狭义的美学意义上的艺术。这里所说的设计，当然是指建立在现代艺术设计概念基础之上的设计。

"环境艺术"是以人的主观意识为出发点，建立在自然环境美之外，为人对美的精神需求所引导，而进行的艺术环境创造。如大地艺术、人体行为艺术由观者直接参与，通过视觉、听觉、触觉、嗅觉的综合感受，造成一种身临其境的艺术空间，这种艺术创造既不同于传统的雕塑，也不同于建筑，它更多地强调空间氛围的艺术感受。它不同于我们今天所说的环境艺术，我们所研究的环境艺术是人为的艺术环境创造，可以自在于自然界美的环境之外，但是它又不可能脱离自然环境本体，它必须植根于特定的环境，成为融汇其中与之有机共生的艺术。可以这样说，环境艺术是人类生存环境的美的创造。

"环境设计"是建立在客观物质基础上，以现代环境科学研究成果为指导，创造生态系统良性循环的人类理想环境，这样的环境体现于：社会制度的文明进步，自然资源的合理配置，生存空间的科学建设。这中间包含了自然科学和社会科学涉及的所有研究领域。因此环境设计是一项巨大的系统工程，属于多元的综合性边缘学科。

环境设计以原在的自然环境为出发点，以科学与艺术的手段协调自然、人工、社会三类环境之间的关系，使其达到一种最佳的运行状态。环境设计具有相当广的涵义，它不仅包括空间环境中诸要素形态的布局营造，而且更重视人在时间状态下的行为环境的调节控制。

环境设计比之环境艺术具有更为完整的意义。环境艺术应该是从属于环境设计的子系统。

环境艺术品也可称为环境陈设艺术品，它的创作是有别于艺术品创作的。环境艺术品的概念源于环境艺术设计，几乎所有的艺术与工艺美术门类，以及它们的产品都可以列入环境艺术品的范围。但只要加上环境二字，它的创作就将受到环境的限定和制约，以达到与所处环境的和谐统一。

为了不使公众对环境设计概念的理解产生偏差，我们仍然对环境设计冠以"环境艺术设计"的全称，以满足目前社会文化层次认识水平的需要。显然这个词组包括了环境艺术与设计的全部概念。

中央工艺美术学院环境艺术设计专业是从室内设计专业发展变化而来的。从五六十年代的室内装饰、建筑装饰到七八十年代的工业美术、室内设计再到八九十年代的环境艺术设计，时间跨越四十余年，专业名称几经变化，但设计的对象始终没有离开人工环境的主体——建筑。名称的改变反映了时代的发展和认识水平的进步。以人的物质与精神需求为目的，装饰的概念从平面走向建筑空间，再从建筑空间走向人类的生存环境。

从世界范围来看，室内装饰、室内设计、环境艺术、环境设计的专业设置与发展也是不平衡的，认识也是不一致的。面临信息与智能时代的来临，我们正处在一个多元的变革时期，许多没有定论的问题还有待于时间和实践的检验。但是我们也不能因此而裹足不前，以我们今天对环境艺术设计的理解来界定自身的专业范围和发展方向，应该是符合专业高等教育工作者的责任和义务的。

按照我们今天的理解，从广义上讲，环境艺术设计如同一把大伞，涵盖了当代几乎所有的艺术与设计，是一个艺术设计的综合系统。从狭义上讲，环境艺术设计的专业内容是以建筑的内外空间环境来界定的，其中以室内、家具、陈设诸要素进行的空间组合设计，称之为内部环境艺术设计；以建筑、雕塑、绿化诸要素进行的空间组合设计，称之为外部环境艺术设计。前者冠以室内设计的专业名称，后者冠以景观设计的专业名称，成为当代环境艺术设计发展最为迅速的两翼。

广义的环境艺术设计目前尚停留在理论探讨阶段，具体的实施还有待于社会环境的进步与改善，同时也要依赖于环境科学技术新的发展成果。因此我们在这里所讲的环境艺术设计主要是指狭义的环境艺术设计。

室内设计和景观设计虽同为环境艺术设计的子系统，但从发展来看室内设计相对成熟。从20世纪60年代以来室内设计逐渐脱离建筑设计，成为一个相对独立的专业体系。基础理论建设渐成系统，社会技术实践成果日见丰厚。而景观设计的发展则相对落后，在理论上还有不少界定含混的概念，就其对"景观"一词的理解和景观设计涵盖的内容尚有争议，它与城市规划、建筑、园林专业的关系如何也有待规范。建筑体以外的公共环境设施设计是环境设计的一个重要部分，但不一定形成景观，归类于景观设计中也不完全合适，所以对景观设计而言还有很长一段路要走。因此我们这套教材的主要内容还是侧重于室内设计专业。

不管怎么说中央工艺美术学院环境艺术设计系毕竟走过了四十余年的教学历程，经过几代人的努力，依靠相对雄厚的师资力量，建立起完备的教学体系。作为国内一流高等艺术设计院校的重点专业，在环境艺术设计高等教育领域无疑承担着学术带头的重任。基于这样的考虑，尽管深知艺术类教学强调个性的特点，忌专业教材与教学方法的绝对统一，我们还是决定出版这样一套专业教材，一方面作为过去教学经验的总结，另一方面是希望通过这套书的出版，促进环境艺术设计高等教育更快更好地发展，因为我们深信21世纪必将是世界范围的环境设计的新世纪。

中央工艺美术学院环境艺术设计系
1999年3月

目　　录

导言　室内设计程序课程的意义

第1章　室内设计系统

1.1 室内设计系统的理论基础 ………………………………………………… 2
  1.1.1 环境的概念 …………………………………………………………… 2
    1.1.1.1 自然环境 ………………………………………………………… 2
    1.1.1.2 人工环境 ………………………………………………………… 3
    1.1.1.3 社会环境 ………………………………………………………… 9
  1.1.2 传统艺术理论的概念 ………………………………………………… 13
    1.1.2.1 艺术 …………………………………………………………… 13
    1.1.2.2 设计·Design ………………………………………………… 14
    1.1.2.3 中国传统风格 ………………………………………………… 16
  1.1.3 空间体系的概念 ……………………………………………………… 17
    1.1.3.1 空间限定要素 ………………………………………………… 17
    1.1.3.2 时间序列要素 ………………………………………………… 21
  1.1.4 系统的概念 …………………………………………………………… 23
1.2 室内设计系统的内容要素 …………………………………………………… 27
  1.2.1 设计系统的内容分类 ………………………………………………… 27
  1.2.2 空间构造与环境系统 ………………………………………………… 39
  1.2.3 空间形象与尺度系统 ………………………………………………… 43
  1.2.4 实体界面与装修系统 ………………………………………………… 51
1.3 室内设计系统的专业课程设置 ……………………………………………… 54
  1.3.1 设计理论类课程 ……………………………………………………… 55
  1.3.2 设计表现类课程 ……………………………………………………… 56
  1.3.3 设计思维类课程 ……………………………………………………… 57

第2章　室内设计方法

2.1 室内设计的思维方法特征 …………………………………………………… 61
  2.1.1 综合多元的思维渠道 ………………………………………………… 62
  2.1.2 图形分析的思维方式 ………………………………………………… 63
  2.1.3 对比优选的思维过程 ………………………………………………… 71
2.2 室内设计的图形思维方法 …………………………………………………… 77
  2.2.1 从视觉思考到图解思考 ……………………………………………… 78
  2.2.2 基本的图解语言 ……………………………………………………… 81
  2.2.3 图解语言的运用 ……………………………………………………… 87

第3章 室内设计程序

3.1 室内设计的总体运行程序 101
- 3.1.1 室内设计定位 101
- 3.1.2 室内设计概念 101
- 3.1.3 室内设计方案 108
- 3.1.4 室内设计实施 117

3.2 室内设计的图面作业程序 120
- 3.2.1 平面功能布局的草图作业 122
- 3.2.2 空间形象构思的草图作业 132
- 3.2.3 设计概念确立后的方案图作业 136
- 3.2.4 方案确立后的施工图作业 150

3.3 室内设计的项目实施程序 162
- 3.3.1 设计任务书的制定 164
- 3.3.2 项目设计内容的社会调研 165
- 3.3.3 项目概念设计与专业协调 166
- 3.3.4 确定方案的初步设计阶段 168
- 3.3.5 施工图阶段的深化设计 168
- 3.3.6 材料选择与施工监理 169

附录一 室内设计工程项目分类 171
附录二 室内设计工程预算造价的组成 176
附录三 室内设计招标投标的一般程序 177
主要参考书目 222

导言　室内设计程序课程的意义

室内设计是建立在四维时空概念基础上的艺术设计门类，从属于环境艺术设计的范畴，作为现代艺术设计中的综合门类，其包含的内容远远超出了传统的概念。按照今天的理解，室内设计是为人类建立生活环境的综合艺术和科学，它是建筑设计密不可分的组成部分，是一门涵盖面极广的专业。室内设计由三大系统构成，这就是空间环境设计系统；装修设计系统；装饰陈设设计系统。空间环境设计包括两个方面的内容，即空间视觉形象设计和空间环境系统设计。装修设计则是指采用不同材料，依照一定的比例尺度，对内部空间界面构件进行的封装设计。装饰陈设设计也包括两个方面的内容，对已装修的界面进行装饰设计和用活动物品进行的陈设设计。

由于室内设计是一个相对复杂的设计系统，本身具有科学、艺术、功能、审美等多元化要素。在理论体系与设计实践中涉及相当多的技术与艺术门类，因此在具体的设计运作过程中必须遵循严格的科学程序。这种设计上的科学程序，在广义上是指从设计概念构思到工程实施完成全过程中接触到的所有内容安排；在狭义上仅限于设计师将头脑中的想法落实为工程图纸过程的内容安排。

按我们今天对室内设计的认识，它的空间艺术表现已不是传统的二维或三维，也不是简单的时间艺术或者空间艺术表现，而是两者综合的时空艺术整体表现形式。室内设计的精髓在于空间总体艺术氛围的塑造。由于这种塑造过程的多向量化，使得室内设计的整个设计过程呈现出各种设计要素多层次穿插交织的特点。从概念到方案，从方案到施工，从平面到空间，从装修到陈设，每一个环节都要接触到不同专业的内容，只有将这些内容高度地统一，才能在空间中完成一个符合功能与审美的设计。协调各种矛盾，成为室内设计最基本的行业特点。因此遵循科学的设计程序就成为室内设计项目成功的一个重要因素。

由此我们已经知道科学的设计程序对于室内设计的重要性。要在设计的实践中严格遵守程序，首先必须在室内设计的教育中贯穿系统与程序的概念。虽然目前所有的室内设计专业课程都体现这样的概念，但是在进入专业学习之前先进行室内设计程序的专门教学，无疑能取得事半功倍的效果，这就是我们设立"室内设计程序"课程的意义。

第1章 室内设计系统

1.1 室内设计系统的理论基础

1.1.1 环境的概念

室内设计系统的理论基础源于自然环境、人工环境和社会环境中自然科学与社会科学的综合研究成果。了解上述环境中科学的研究结论，有助于我们对室内设计系统理论基础的认识。

1.1.1.1 自然环境

自然环境与自然界属于同一概念：按照《辞海》的解释："自然界指统一的客观物质世界，是在意识以外，不依赖于意识而存在的客观实在。自然界的统一性就在于它的物质性。它处于永恒运动、变化和发展之中，在时间和空间上是无限的。人和人的意识是自然界发展的最高产物。人类社会是统一的自然界的一个特殊部分。从狭义上讲，自然界是指自然科学所研究的无机界和有机界。"对于这样的一种认识，人类经历了一个漫长的过程。

从《周易大传·系辞传上》的"易有太极，是生两仪，两仪生四象，四象生八卦"，到《老子》的"人法地，地法天，天法道，道法自然"；从哥白尼（1473～1543）的"日心说"，到达尔文（1809～1882）的"进化论"；从牛顿（1642～1727）的"绝对时空"，到爱因斯坦（1879～1955）的"相对论"，可以说人类对于自然界的认识是哲学与自然科学发展的结果。

长期以来，人类对于自然环境的研究倾注了大量的心血。其中影响最大的莫过于牛顿和爱因斯坦，他们的时空观影响了自然环境科学研究的所有领域。

构成自然环境的两大要素时间与空间，是认识一切事物的尺度，成为最基本的概念。我们目前的自然环境概念正是建立在物理学的客观时间与空间观之上的。以牛顿为代表的古典物理学把时间和空间各自都看成绝对的存在。就是说，从过去向未来以一定速度流动的固定的绝对时间和把宇宙空间各点规定为间隔相等的坐标的空间。以这种时空概念作为说明一切自然现象的基准。

然而，爱因斯坦《相对论》的问世则打破了传统的时空观。在这里："再没有比把我们生存的世界描述为一个四维的时空统一连续体更为通俗的说法了。"相对论明确了时间与空间的相对性，产生出统一认识时间和空间的时空观，从而奠定了现代自然环境科学研究的理论基础。

自然环境从宏观上讲大到整个宇宙，从微观上讲小到基本粒子。由于地球是人类居住的星球，从人类的角度出发，地球就是以人为中心的环境系统。

地球是一个巨大的具有圈层结构的扁球形物质实体，从外向内由地壳、地幔、地核逐层构成。厚达70km的地壳岩石圈；以占据地壳表面积71%的海洋为母体的水圈；地壳外层高达2000km的大气圈。三个圈层在太阳光的作用下，逐渐形成了维持生命过程相互渗透制约的自然平衡生态圈。

岩石圈是地球生态圈的基础，表现为物质实体的种种自然形态，几乎都产生于岩石圈。岩石圈的内部蕴藏着丰富的矿物元素，是生物生长发育、人类生存发展不可再生与替代的资源。岩石圈表面的风化层内富含的矿物质，在水分、有机质的共同作用下形成土壤，土壤成为植物生长的母体，对动物的进化发展具有非同一般的意义。

大气圈是地球生态圈的保护层，从内

向外分为对流层、同温层、中气层、恒温层、外气层。整个大气层像一块厚厚的气毯包裹着地球，使生物免受放射性辐射和外太空的严寒。大气圈中的空气是生物生长不可缺少的物质，厚约11km的对流层集中了约3/4的空气，空气中的二氧化碳与氧气在动植物之间的循环交换，构成生命过程的基本模式。同温层中稀薄的臭氧层阻挡太阳紫外线直射地面，恒温层中的电离层能够反射无线电波，它们对于人类的生活至关重要。

水圈是地球生态圈的生命线。它是海洋在阳光作用下，通过蒸发汽化和冷却液化的过程，与内陆淡水水域和地下水形成的一个循环圈。水体中含有的矿物质、有机营养物质提供了生物生存的最基本需要。不同的水质构成了不同生态环境的生态差异。

地球生态圈所呈现出的不同自然环境，正是三个圈层运动变化的结果。地震火山，沧海桑田，风雪雨雾，雷鸣电闪演化出各异的自然现象；高山平原，河流湖泊，森林草原，冰川沙漠构成各异的自然形态。

地球生态圈宛如一部复杂的机器环环紧扣。太阳光成为这部机器运转的能量来源，维持所有生物生命活动的能量消耗。作为生产者的植物，依靠摄取太阳的光能，从环境中吸取二氧化碳、水和矿物质，在叶绿素的催化作用下，将太阳能转变为化学能而贮存于体内。这种光合作用使绿色植物成为生物能量流动的起点。而动物则只能靠吃植物和其他动物来取得能量，所以成为消耗者。当人类逐步进化到比任何动物都强大，进而主宰整个世界的时候，自然也就成了最终的消耗者。

整个生态圈就是这样一个自然循环的平衡系统。生长在同一地区相互供养的动植物群体所形成的食物链循环，称为食物网。每一个小的生态系统都有着自己的循环。地球生态圈正是由许多这样的系统构成的物质大循环。而水、碳、氮、氧等物质的循环又成为自然界中最基本最重要的循环。人类作为最终的消耗者，如果只是一味地向自然界索取，以至彻底打破自然循环的平衡系统，那么自然环境将无可挽回地报复于人类。

1.1.1.2 人工环境

自从人类上升到生物等级中的最高峰，"人是上升到最高峰的而不是原来就

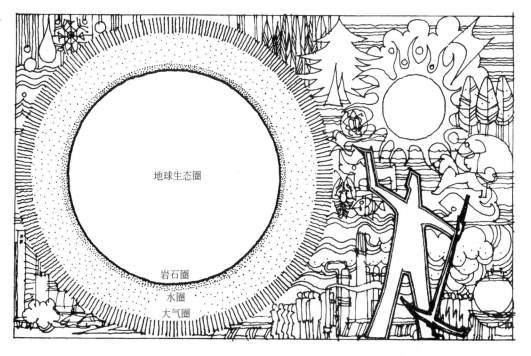

处于最高峰的,这个事实给人提出了希望,即在遥远的未来,人可能达到更高等级的命运"(达尔文:《人类的由来》)。正是在这种希望的驱使下,人类从诞生的那一天起,就开始了对自身生存空间的不懈开拓,渔猎耕种,开矿建筑。在已经过去的漫长岁月中,从传统的农牧业到近现代的大工业,在地球的土地上,建筑起形形色色、风格迥然的房屋殿堂、堤坝桥梁,组成了大大小小无数个城镇乡村、矿山工厂。所有这些依靠人的力量,在原生的自然环境中建成的物质实体,包括它们之间的虚空和排放物,构成了次生的人工环境。

"人处于最原始状态时就已经是地球上最具有统治能力的动物。人比任何别的有高度严密组织的动物都要蔓延得更为广泛;别的一切动物都在人的面前屈服了。人的这种巨大优越性,显然归之于人的智能,启发人协助、保卫自己的伙伴的社会生活习惯,人的体形,人所具有的这些特点的极端重要性,已经由生存竞争的最后裁决所证明"(达尔文:《人类的由来》)。发音清晰的语言成为人类奇迹般进步的动因;工具的运用使得人类的劳动更具有创造性;火的发现与生火技术的掌握使人类第一次摆脱了自然界的束缚。史前时代的人类已经显示出今后改造自然的非凡观察力、记忆力、求知欲、想像力和推断力。

随着时间的推移,人类掌握的技术日趋增多,各种发明创造使人类改造自然的能力愈来愈强大,以至发展到次生的人工环境严重影响原生自然环境存在的地步。

人工环境发展所经历的狩猎采集、农耕化、工业化三个时期。在时间上是以百进位数级递减;而在以人均占有空间的数率上则几乎是以几何级数递增。尤其是近两百年内人口更呈现出爆炸性增长的趋势。然而在自然环境中,生物物种绝种的速率,则以十分惊人的速度推进。6500万年前是每千年只有1种,400年前是每4年1种,20世纪70年代是每天1种,如果没有新的保护措施,预计到21世纪中期,单是高等植物便有1/4约60000种可能或接近绝种。可见人工环境的发展(尤其是工业化之后)是以破坏自然环境为代价的。

人工环境的主体是建筑。在生产工具极其简陋的狩猎采集时期,生活方式和生产力水平,决定了当时的人类不可能营造

狩猎采集　　　　　　　　　　　　　　　　农耕化　工业化

像样的建筑。正如《韩非子·五蠹》记载："上古之世，人民少而禽兽众，人民不胜禽兽虫蛇，有圣人作，构木为巢，以避群害。"因此这个时期的人工环境显得非常原始，基本上处在与自然环境共融的状态。

进入农耕时期，人类开始定居。随着生产工具的改进，生产力水平的提高，建筑在发展中不断完善，形成了东西方传统建筑的木构造与石构造两大体系。东方建筑以中国传统的木结构为主体，基本艺术造型均来自结构本身。无论宫殿寺庙，还是住宅园林，均注重建筑院落单位的群体组合。主从有序、变化灵活的形制数千年一脉相承。西方建筑的石构造始自古埃及，辉煌于古希腊、古罗马。金字塔的雄伟宏大，雅典卫城帕提农神庙的端庄秀美，罗马万神庙的壮丽气势，成为石构造建筑的经典。

纵观农耕时期的建筑，我们不难发现除了居住与公共建筑之外，生产性建筑很少。以至古罗马三叠连续拱券输水道和中国战国水利工程都江堰成为罕有的代表。

农耕时期的建筑无论是单体形制、群体组合，还是比例尺度、细部装饰都达到了相当高的水平。世界文化名城几乎都建成于这个时期。其空间的构图与自然环境高度和谐统一。由于建筑内部的采暖通风设备，相对处于原始状态，所以除了建筑本身所耗的自然资源外，很少向外排放有害物。加之人口数量有限，建筑的规模相对较小，极少的生产性建筑，又基本是为农耕服务的水利设施。因此农耕时代的人工环境，在促进了人类社会向前发展的同时，基本上做到了与自然环境共融共生，尽管这时人类生活的质量仍处于较低的水平。

进入工业化时代，人类的生产方式出现了革命性的变化。机器的使用，大大解放了生产力。生产的高速运转，促进了社会分工的加速发展。城市化的趋势，使建筑的类型猛增。建筑空间的功能需求日趋复杂，农耕时代原有的传统建筑形式已很难适应新的功能要求。对功能的需求促进了现代建筑理论的诞生。"形式随从功能""住宅是居住的机器"等言论，成为现代主义建筑产生的催化剂。随着钢筋混凝土框架结构和玻璃的大量使用，营造更大的内部空间成为可能。灵活多变的空间形式，完全打破了农耕时代传统建筑较为呆板的空间布局。创造出功能实用、造型简洁的建筑样式。

在这个时期，建筑的体量和规模都达到了前所未有的程度。大批的生产性建筑冒出了地平线。机器轰鸣的巨大厂房，高耸林立的烟囱，一度成为时代的骄傲与象征。居住与公共建筑内部开始大量使用人工的采暖通风设备，从而营造出一个个隔绝于自然的封闭人工气候。这样的人工环境造就了现代的物质文明。虽然人类的物质生活水平达到了相当高的程度，但是人类违背自然规律的"自私"行为，却很快使我们尝到了苦果。自然灾害频度的加速，臭氧层空洞的出现，预示了人类生存危机的到来。事实证明工业化时代人工环境的建造，没有能够完全做到与自然环境的共融共生。

展望未来，人工环境还将继续发展，与自然环境的共融共生，将会摆在最重要的位置予以考虑。建筑领域"绿色设计"、生态建筑将会成为发展的主流。在人工环境的建设道路上，人类还需要突破许多难关。

农耕时期最典型的两种建筑构造形式：木构造　石构造

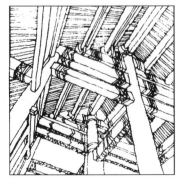

人类历史发展的三个时期

人工环境的建筑尺度对比

狩猎采集时期
1. 法国布列塔尼原始整石柱
2. 英国索尔兹伯里石环
3. 美洲印第安人帐篷
4. 圆形树枝棚

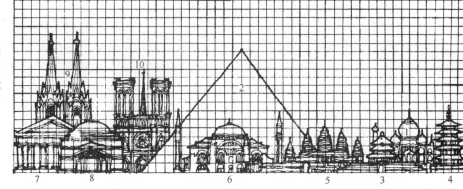

农耕时期
1. 泰姬·玛哈尔陵　印度
2. 吉萨金字塔　埃及
3. 天坛祈年殿　中国
4. 五重塔　日本
5. 吴哥窟　柬埔寨
6. 圣索菲亚教堂　土耳其
7. 帕提农神庙　希腊
8. 罗马万神庙　意大利
9. 科隆大教堂　德国
10. 巴黎圣母院　法国

工业化时期
1. 埃菲尔铁塔
2. 纽约帝国大厦
3. 纽约克莱斯勒大楼
4. 世界贸易中心大厦
5. 西尔斯大厦
6. 法兰克福商业银行大厦
7. 伦敦千层塔
8. 香港中银大厦
9. 香港中环大厦
10. 帝王大厦
11. 皮特纳斯双塔大楼
12. 金茂大厦
13. 上海环球金融中心
14. 波音 777 飞机

图中每格长度为10m

狩猎采集与农耕时期不同地区的建筑室内：
1. 拉斯考洞穴　公牛厅
2. 基萨　神庙
3. 卡纳克　阿蒙神庙　古埃及建筑
4. 米诺斯王宫　克里特-迈西尼文化
5. 狮子门　迈锡尼卫城
6. 万神庙　古罗马建筑
7. 阿尔汗布拉宫　中古伊斯兰建筑
8. 韦尔斯大教堂　哥特式建筑
9. 沙特尔大教堂　哥特式建筑
10. 圣彼得大教堂　文艺复兴建筑
11. 科尼亚住宅
12. 明清宫廷居室　中国建筑
13. 日本居室　日本建筑

工业化时期欧美建筑室内：
1. 布鲁塞尔范埃特韦尔德府邸沙龙
2. 纽约古根海姆美术馆
3. 约翰逊制蜡公司总部
4. 密斯 范斯沃斯住宅
5. 阿尔托 玛丽亚别墅起居室
6. 朗香教堂
7. 罗马小体育宫
8. 华盛顿国家美术馆东馆
9. 奥地利旅行社代理店
10. 金贝尔美术馆
11. 巴黎阿拉伯研究中心
12. 慕尼黑机场候机厅

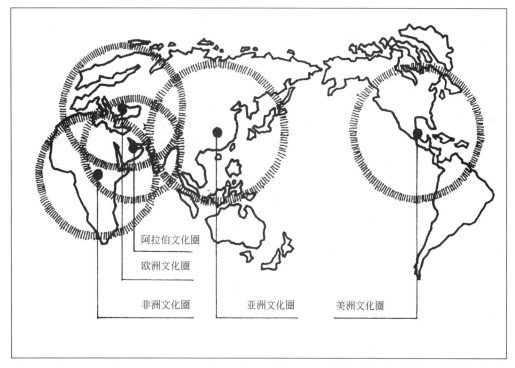

构成社会环境的不同文化圈

阿拉伯文化圈
欧洲文化圈
非洲文化圈　亚洲文化圈　美洲文化圈

1.1.1.3 社会环境

"人是最名副其实的社会动物，不仅是一种合群的动物，而且是只有在社会中才能独立的动物"（马克思：《政治经济学批判·导言》附录）。"人是一种政治动物，其天性就是要大家在一起生活"（亚里士多德：《伦理学》）。在社会动物和政治动物两种属性中，社会性具有更广泛的含义，因为社会是以共同的物质生产活动为基础而相互联系的人们的总体。人类是以群居的形式而生活的。这种生活体现在各种形式的人际交往联系上。家庭是最基本的形式，村镇城市是另一种形式，国家则是最高的形式。只有在国家的联系形式下，人才具有其政治性。

人类社会在漫长的历史进程中，受到不同的原生自然环境与次生人工环境影响，形成了不同的生活方式和风俗习惯，造就出不同的民族文化、宗教信仰、政治派别。在生活的交往中，组成了不同的群体，每个人都处在各自的社会圈中，从而构成了特定的人文社会环境。人文社会环境受社会发展变化的影响，呈现出完全不同的形态，从而影响了人工环境的发展。

原始社会是人类历史上延续时间最长的社会形态。这个以生产资料原始公社所有制为基础的社会制度，前后历经旧石器、中石器、新石器时代约数百万年，是狩猎采集阶段的主要社会形态。原始社会生产力极度低下，为了维系生存，人们只能联合起来共同劳动、共同占用生产资料和产品，以群居的方式生活，所以原始群体中的人只有社会性，而没有政治性。因此其人文社会环境异常简单。在这种社会环境下产生的人工环境，仅仅是以栖身之所为主组成的简陋建筑群落。

奴隶社会是以奴隶主占有生产资料和生产者（奴隶）为基础的社会制度。前后历经新石器时代后期、青铜器时代，处于农耕前期。奴隶社会最早出现在古代的埃及、巴比伦和中国，而又以古希腊和古罗马最为典型。在奴隶社会中大批的奴隶任由奴隶主驱使，从事极其繁重的劳动，使社会生产力有了很大的进步，社会文化也有了不小的发展。奴隶主为了维护自己的政治统治，借助神灵炫耀其至高无上的权力，兴建了大批超人尺度的神殿、陵墓、竞技场。高度的政治集权与无偿的劳动力占有，使奴隶社会环境下产生的人工环境，呈现出公共建筑与居住建筑并存，规模宏大的城郭形态。在这种社会环境下"神"居于主导地位，人工环境中的主体建筑虽然具有宏伟体量和严谨构图，但其使用者是"神"而非"人"。

封建社会是人类历史上变化最为复杂的社会形态，贯穿于铁器时代的农耕后期。由于封建领主给予农民一定程度的人身自由，土地占有者收取地租的方式对生产的好坏与生产者本身利益有一定联系，由此产生的劳动积极性提高了生产力水平，从而推动了社会的进步。封建社会在东西方的形成和发展中，呈现出完全不同的形态。在东方，专制的中央集权统一封建大帝国是政治统治的主要形式；而在西方，整个中世纪完全处于封建分裂状态，宗教占据了社会生活的主导，教会统治成为政治的主要形式。由此形成了东西方不同的社会环境。在东方，社会环境按地域人文分为三大块：以中东为中心的伊斯兰文化圈，印度和东南亚文化圈，中国、朝鲜和日本文化圈。虽然宗教在这里具有很大的影响力，但始终未能在政治上占据统治地位。封建王室的皇权牢牢控制着国家的一切。在这种社会环境的制约下，宫廷文化一直处于主导，在不少地方宫廷建筑影响着人工环境的发展。即使是宗教建筑也只能成为世俗政权的纪念碑。在中国这种情况表现得尤为明显。在西方，封建领主的封地割据，使国家名存实亡。而基督教的两大宗派，西欧的天主教和东欧的正教，分别以罗马和君士坦丁堡为首都，建立了集中统一的教会，实现了政教合一的统治。这种统治渗透到社会的各个领域，生老病死、婚丧嫁娶、教育诉讼几乎无所不包。在这样的社会环境影响下，教堂建筑成为整个中世纪人工环境的代表。综观封建社会环境下产生的人工环境，我们不难发现，以宫廷建筑和宗教建筑为中心的城镇建筑群落，成为其主导形态。皇权和神权的共同作用，使人工环境呈现出强烈的级差和高耸的尺度。

资本主义社会是以生产资料私人占有和雇佣劳动为基础的社会制度，萌芽于14、15世纪的地中海沿岸，发展于17、18世纪的西欧。资本主义社会贯穿于整个工业化阶段。由于实行自由市场经济，将生产超过消费的余额用于扩大生产能力，而非用于投入像金字塔、大教堂等非生产项目，创造了最发达的商品生产。因此，促进了生产力的迅速发展，并对人工环境产生了有史以来最大的影响。资本主义的社会环境以个人为中心，赚取剩余价值、积累资本成为天经地义，金钱作为商品生产的润滑剂，渗透到社会的各个领域。人与人的关系演变为金钱关系，成为社会存在的准则与基础，作为政治的最高形式——国家也未能幸免。在这样的社会环境影响下，建筑开始进入一个崭新的阶段。人的需要成为衡量一切的标准，使用功能被摆放到第一的位置。人工环境由此演变为居住、公共建筑与生产性建筑并存的密集超大城市群落，并诱发出一系列破坏地球生态环境的问题。

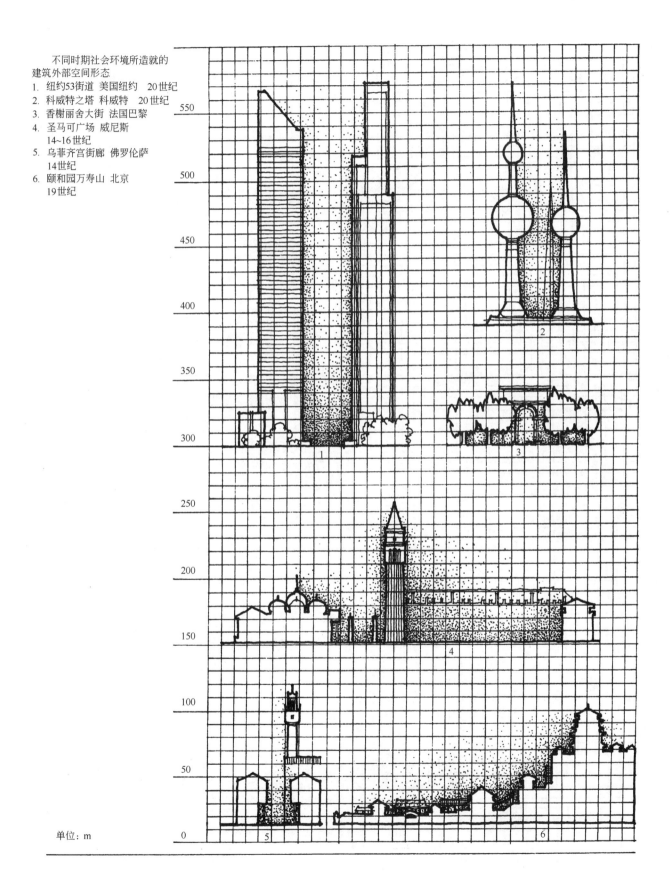

不同时期社会环境所造就的建筑外部空间形态
1. 纽约53街道 美国纽约 20世纪
2. 科威特之塔 科威特 20世纪
3. 香榭丽舍大街 法国巴黎
4. 圣马可广场 威尼斯 14~16世纪
5. 乌菲齐宫街廊 佛罗伦萨 14世纪
6. 颐和园万寿山 北京 19世纪

单位：m

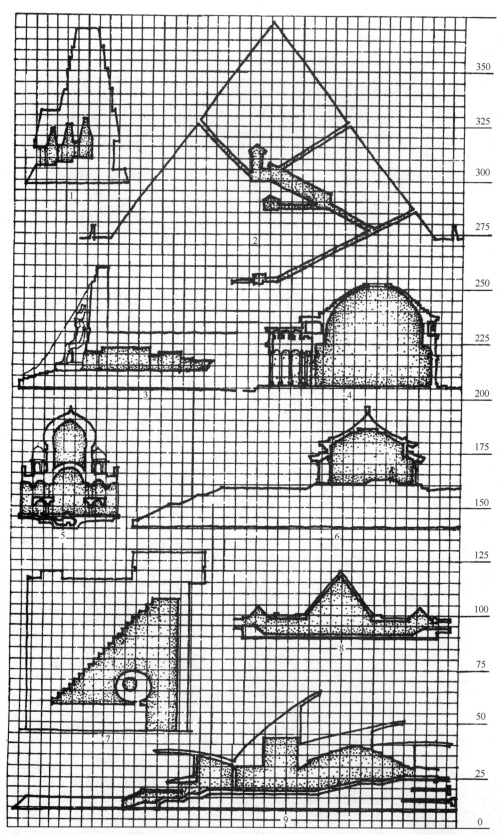

不同时期社会环境所造就的建筑内部空间形态
1. 提卡尔2号金字塔庙 古玛雅 6世纪
2. 吉萨金字塔 古埃及 公元前28～前26世纪
3. 拉迈赛斯神庙 古埃及 公元前16～前4世纪
4. 罗马万神庙 古罗马 2世纪
5. 泰姬·玛哈尔陵 古印度 17世纪
6. 故宫太和殿 中国明清 15～17世纪
7. 桃树广场饭店中庭 美国亚特兰大 20世纪
8. 卢佛尔宫拿破仑大厅 法国巴黎 20世纪
9. 悉尼歌剧院 澳大利亚 悉尼 20世纪

单位：m

1.1.2 传统艺术理论的概念

1.1.2.1 艺术

从历史的角度出发，艺术包含了最广义的解释，即技能和技术的涵义。

在西方的传统思想中，广义的对艺术一词的解释和现代对艺术严格界定的涵义是不同的。从古希腊时代到18世纪末，"艺术"一词是指制造者制作任何一件产品所需要掌握的技艺。无论是一幅画、一件衣服、一只木船，甚至一次演讲所使用的技巧，都可称之为艺术。其制成品称之为艺术产品。一直到伊曼努尔·康德（1724～1804）第一次使用"造型艺术"一词，以区别于其他艺术，并指出："造型艺术……是一种表现形式，它有着内在的合目的性，虽然它没有目的，但在社会交流中起着促进文化与精神力量的作用。"同时表明，"艺术，人所掌握的技艺，也是与科学（从知识得来的能力）有区别的，正如实践才能之与理论才能，技术之与理论（如测量术之与几何学）。由此，那种一经知道应该怎样做就立即能够做到，除了对预期达到的结果充分了解之外不需再做任何努力的事不能称作艺术。艺术则有其特性，即使掌握了最完整的有关知识，也不意味着立即掌握了熟练的技巧。""正确地说，只有通过自由的，也即是出于自愿的以理性为基础的创造成果，才能被称为艺术"（康德：《判断力批判》）。从此艺术品本身成为供人享用的精神产品，成为不需要外力来实现其目的之终极目的。

在这之后的几个世纪，"艺术"一词的意义逐渐界定为专指文学、音乐、绘画、雕塑等审美专业的创作。艺术成为人类以不同的形式塑造形象，具体地反映社会生活，从而表现作者思想感情的一种意识形态。以文学为代表的语言艺术，以音乐、舞蹈为代表的表演艺术，以绘画、雕塑为代表的造型艺术和以戏剧、电影为代表的综合艺术，成为各具风格的艺术类型。众多的艺术门类以表现形式的特征为出发点，按自然界的基本要素时间和空间，分为时间艺术和空间艺术两大系统。

在东方，艺术的理论博大精深，艺术的风格璀璨辉煌。东方艺术以其独有的特色，构成它自成体系的根基。早在公元前后，印度就出现了一部艺术理论的专著《舞论》，相传作者是婆罗多牟尼，这部专著对印度古代音乐、舞蹈和戏剧作了非常

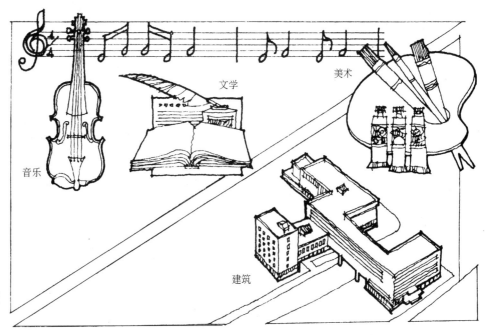

时间艺术与空间艺术

详尽的论述，表达了完整的审美原则。成为印度后世艺术理论发展的基础。在古代中国，艺术理论完全融汇于哲学、伦理学、文艺批评和鉴赏中，虽然没有上升到抽象的狭义艺术美学专著，但是其精神内涵已深深地植根于中华民族悠久的文化传统之中。

虽然在远古的象形文字中艺术的"艺"字是一个拿着工具的人，虽然在古汉语中"艺术"一词的涵义是：泛指各种技术技能（《后汉书》二六伏湛传附伏无忌："永和元年，诏无忌与议郎黄景校定中书五经、诸子百家、艺术。"注："艺谓书、数、射、御，术谓医、方、卜、筮"）。然而以现代对"艺术"一词的理解，来看待中国传统文化中的"艺术"，我们不难发现艺术始终与政治联姻，从来都属于上层建筑的伦理道德范畴。上古时期礼乐并举，礼乐被视为政治秩序的标志，乐以"六艺"之一成为贵族子弟的必修课。"凡音者，生于人心者也。乐者，通伦理者也。是故，知声而不知音者，禽兽是也；知音而不知乐者，众庶是也。唯君子为能知乐，是故，审声以知音，审音以知乐，审乐以知政，而治道备矣。是故，不知声者不可与言音，不知音者不可与言乐。知乐，则几于知礼矣。礼乐皆得，唯之有德。德者得也"（《礼记·乐记》）。可见知乐的重要。艺术与统治几乎等同，礼崩乐坏意味着政治衰亡。儒家理论就此成为中国传统文化的基础。在这个文化传统中，艺术始终是以人的主观意识为出发点。表现自我，追求事物的内在灵魂。以"意境"代替"逼真"，以"神似"代替"形似"，成为中国传统艺术最本质的特征。以这种特征所形成的中国传统风格具有内在含蓄的神韵。

综观东西方的艺术理论，我们不难看出其共同点，这一共同点主要体现在艺术审美的统一性上。作为艺术家总是要创造美的精神产品。这种创造要么源于生活，再现他们的所见；要么表现他们主观的心灵写照；要么混淆现实生活与他们的想像。由于人们往往习惯于某种艺术风格，一旦某个艺术家创造出新的表现形式，就会引起人们的震惊和振奋，因此创新成为艺术家永恒的追求。

在回顾了艺术的发展之后。我们已经比较清楚地明确了广义的"艺术"和狭义的"艺术"之间的区别。如果用最简单的概念来表述，是否可以这样说：广义的艺术是实用的艺术，它等同于设计·Design；而狭义的艺术则是产生纯粹的精神产品——艺术品的过程，本身就具有终极的目的性。

1.1.2.2 设计·Design

现在我们再来看一看"设计·Design"或称"艺术设计"的发展历程。真正意义上的"设计·Design"应该说起始于工业革命。在这之前的漫长年代里，人们一直是用手工来制作一些日常用品。为了使它们看上去更加漂亮悦目，具有购买的吸引力，常常对这些物品加以装饰，从而形成了世界各地不同的手工技艺，制成了各具特色的工艺品。手工制作工艺品需要特殊的技能和一定的审美能力，这种技术性的手艺和审美性的装饰结合，就形成了专门的行业——工艺美术。工艺美术的产品具有两种类型：一类是日常生活用品，一类是纯粹的装饰陈设用品。同一种物品可以具有以上两种形态，如中国的陶瓷，墨西哥的织布，波斯的地毯，威尼斯的玻璃等等。

工具和材料是手工制作的基础，不同时代使用不同的工具和材料，创造出性质完全不同的工艺品。石器时代的陶器，青铜器时代的青铜器。由于材料的特性和使用工具的技术差异，每一种类型的工艺品都形成了特殊的制作技巧。由于是手工制作，即使是同一件物品，其形态永远也不会完全一样，因此也就具有较高的艺术性。几乎没有一种手工艺品，是在它诞生之前就完成其全部设计的。各种工艺品的制作，都是直接用手或借助于工具，在反复的实践中，不断完善而最后定型的。各种制作工艺都是个体的手艺人长期探索的

平面设计

陶瓷设计

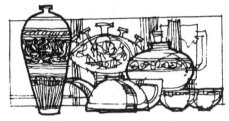

染织、服装设计

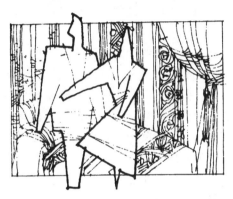

工业设计

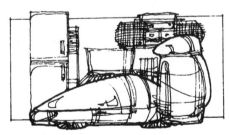

室内设计

竞相发展的艺术设计门类

结果。并因历史时期、地理环境、经济条件、文化技术水平、民族习尚和审美观点的不同而形成不同的风格与源流，这种工艺的发展几乎无一例外地采用师承制。而且很多是单线的家族承袭，一旦线性继承的某个环节出现问题，就可能使一门手艺失传。因此传统的工艺美术并不具有"设计·Design"的全部内涵。

工业革命以后，人们逐渐使用机器进行生产。由于机器可以大量地制造完全相同的物品，不仅比手工快而且便宜，因此许多古老的工艺渐渐消失了。虽然机器代替了手工，但满足于人们物质生活和精神生活的实用美观依然是衡量产品好坏的标准。一件产品的定型生产，需要经过市场调研、概念构思、方案规划、模型图样等一系列严谨周密的逻辑与形象思维过程来产生最后的施工图纸，这种建立在现代科学研究成果基础之上的缜密过程，确立了"设计·Design"的全部内容。从而使它完全脱离了传统的工艺美术，诞生了一门崭新的学科——现代艺术设计。

以印刷品为代表的平面视觉设计；以日用器物为代表的造型设计；以建筑和室内为代表的空间设计等。从20世纪初到70年代末，现代艺术设计在发达国家蓬勃发展。没有设计的产品就没有竞争力，没有竞争力就意味着失去市场。艺术设计的观念在这些国家成为共识。

1.1.2.3 中国传统风格

中国传统的室内设计风格具有中国传统文化的一切特征。同时它又是中国传统建筑不可分割的有机组成部分。正如对中国传统建筑有着深刻理解的梁思成先生所说："中国建筑也是如此。它随着各个时代政治、经济的发展，也就是随着不同时代的生产力和生产关系，产生了不同的特点，但是同时还反映出这种特点所产生的当时的社会思想意识，占统治地位的世界观。生产力的发展直接影响到建筑的工程技术，但建筑艺术却是直接受到当时思想意识的影响，只是间接地受到生产力和生产关系的影响的。"同时"每一时代新的发展都离不开以前时期建筑技术和材料使用方面积累的经验，逃不掉传统艺术风格的影响。而这些经验和传统乃是新技术、新风格产生的必要基础。"

中国传统的建筑是以木构造为其基础的。历经数千年的演变之后形成了完整的体系，在宋代出现了中国第一本建筑技术书籍《营造法式》，记录了各种建筑构件相互间关系及比例，对木构造的基本形制做了科学的总结。清工部《工程做法》则记载了这一体系的最后形态。

传统的中国建筑在装修上依木构架的种类分内檐和外檐两种。内檐装修成为室内设计的基础。由于是木构架，室内空间组合灵活多变，空间的阻隔主要由各种木制的构件组成，从而形成了隔扇、罩、架、格、屏风等特有的木构形式。这些构架本身就有丰富的图案变化，装饰的效果已经很好，再加上藻井、匾额、字画、对联等装饰形式，以及架、几、桌、案上各种具有象征意义的陈设，就构成了一幅完美的空间装饰图画。

可见中国传统的室内设计风格，主要是以通透的木构架组合对空间进行自由灵活的分隔，并通过对构件本身进行的装饰，以及具有一定象征喻义的陈设，展示其深邃文化内涵的特殊样式。这种设计风格是精湛的构造技术和丰富的艺术处理手法的高度统一。

从技术发展的眼光看问题，木构造与现代的钢筋混凝土框架构造在空间的处理手法上是一脉相承的。如果不是中国超稳定的封建社会制度最终制约了生产力的发展，如果不是外强的入侵，本来中国传统的室内设计风格是会在新的历史条件下发扬光大的。由于各种历史、政治、社会、经济的原因，这种传统的室内设计风格在清代经历了它回光返照式的辉煌后停滞下来。

虽然中国传统的室内设计风格在各个方面都具有非常鲜明的优点，但是封建的生产关系却最终地阻碍了它的发展。纵观过去的建筑：宫苑、陵寝、寺庙、邸第、民居，其室内设计无一不反映着封建社会的伦理道德与生活方式。虽然木构架能够创造丰富的空间形式，但在君臣父子严整的封建秩序下却以刻板的对称式布局占据了空间形式的主流。几乎所有的使用功能都要限制在同一类型的定式之中，甚至用色也要遵循严格的规定。所有这一切都是导致中国传统的室内设计风格在社会发生剧变后迅速衰败的原因。

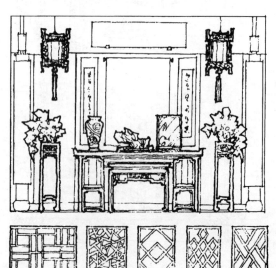
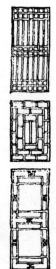

中国传统装饰风格的室内立面典型构图与木构造窗格构图

1.1.3 空间体系的概念

室内设计的空间体系建立在四维的时空概念之上。按照爱因斯坦的理论：我们生存的世界是一个四维的时空统一连续体。而在他之前："时间是绝对的"，它是独立于空间概念位置和坐标体系的运动条件之外的。虽然"经典力学也是建立在物理时空四维连续上的。但在经典物理的四维连续中，带有固定时间值的子空间具有绝对的实在性，它同参考系的选择无关。由于这个原因，四维连续变成三维（空间）再加上一维（时间），因此，这种四维的观点并不是非常必要的"（爱因斯坦：《自述》）。只有在爱因斯坦之后，"对'世界'的这种四维方式的考察是自然基于相对论之上的，因为根据这个理论，时间被剥夺了独立性"。

在室内设计中时空的统一连续体，是通过客观空间静态实体与动态虚形的存在，和主观人的时间运动相融来实现其全部设计意义的。因此空间限定与时间序列，成为室内设计空间体系最基本的构成要素。

1.1.3.1 空间限定要素

在抽象的概念中"空间是一个三维统一连续体。我们这样说是指有可能通过 x、y、z 这三个（坐标的）数字来描绘一个（静止）点的位置，并且在其附近有着无数的点，其位置能够用诸如 x_1、y_1、z_1 这样的坐标数来描绘，这跟我们选用的第一个点的坐标数 x、y、z 的各自的值是一样的。由于后者的特性我们谈到"统一连续体"，并且由于存在三个坐标这一事实，我们就把空间说成是'三维的'"（爱因斯坦：《相对论》）。室内设计的空间限定要素正是建立在三维坐标的概念之上。

在环境艺术设计的概念中，只有对空间加以目的性的限定，才具有实际的设计意义。空间三维坐标体系的三个轴 x、y、z，在设计中具有实在的价值。x、y、z 相交的原点，向 x 轴的方向运动，点的运动轨迹形成线；线段沿 z 轴方向垂直运动，产生了面；整面沿 y 轴向纵深运动，又产生了体。体由于点、线、面的运动方向和距离的不同，呈现出不同的形态。诸如方形、圆形、自然形等等。不同形态的单体与单体并置，形成集合的群体，群体之间的虚空，又形成若干个虚拟的空间形态。

从空间限定的概念出发，环境艺术设计的实际意义，就是研究各类环境中静态

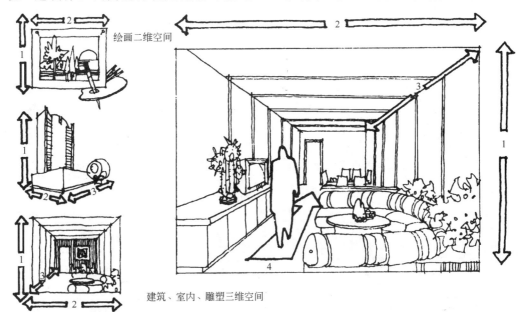

绘画二维空间

建筑、室内、雕塑三维空间

人在室内行动的时间延续移位，使室内成为四维空间，人的进入使时间成为空间的度量

实体、动态虚形以及它们之间关系的功能与审美问题。

抽象的空间要素点、线、面、体，在环境艺术设计的主要实体建筑中，表现为客观存在的限定要素。建筑就是由这些实在的限定要素：地面、顶棚、四壁围合成的空间，就像是一个个形状不同的空盒子。我们把这些限定空间的要素称为界面。界面有形状、比例、尺度和式样的变化，这些变化造就了建筑内外空间的功能与风格。使建筑内外的环境呈现出不同的氛围。

由空间限定要素构成的建筑，表现为存在的物质实体和虚无空间两种形态。前者为限定要素的本体，后者为限定要素之间的虚空。从环境艺术设计的角度出发，建筑界面内外的虚空都具有设计上的意义。由建筑界面围合的内部虚空恰恰是室内设计的主要内容。这个内部空间的实体与虚空，存在与使用之间是辩证而又统一的关系。显然，从环境的主体——人的角度出发，限定要素之间的"无"，比限定要素的本体"有"，更具实在的价值。

时间和空间都是运动着的物质的存在形式。环境中的一切现象，都是运动着的物质的各种不同表现形态。其中物质的实物形态和相互作用场的形态，成为物质存在的两种基本形态。物理场存在于整个空间，如电磁场、引力场等。带电粒子在电磁场中受到电磁力的作用。物体在引力场中受到万有引力的作用。实物之间的相互作用就是依靠有关的场来实现的。场本身具有能量、动量和质量，而且在一定条件下可以和实物相互转化。按照物理场的这种观点，场和实物并没有严格的区别。室内设计中空间的"无"与"有"的关系。同样可以理解为场与实物的关系。

建筑中表现为实物的空间限定要素呈四种形态：地面、柱与梁、墙面、顶棚。

地面是建筑空间限定的基础要素，它以存在的周界限定出一个空间的场。

柱与梁是建筑空间虚拟的限定要素。它们之间存在的场构成了通透的平面，可以限定出立体的虚空间。

墙面是建筑空间实在的限定要素。它以物质实体形态存在的面，在地面上分隔出两个场。

顶棚是建筑空间终极的限定要素。它以向下放射的场构成了建筑完整的防护和隐蔽性能，使建筑空间成为真正意义上的室内。

空间限定场效应最重要的因素是尺度。空间限定要素实物形态本身和实物形态之间的尺度是否得当，是衡量室内设计成败的关键。协调空间限定要素中场与实物的尺度关系，成为室内设计师最显功力的课题。

容器与房间在空间的意义上是相同的

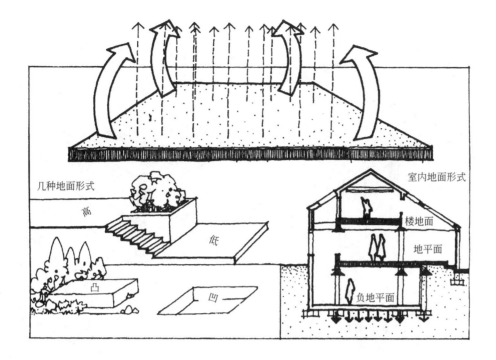

地面的空间限定

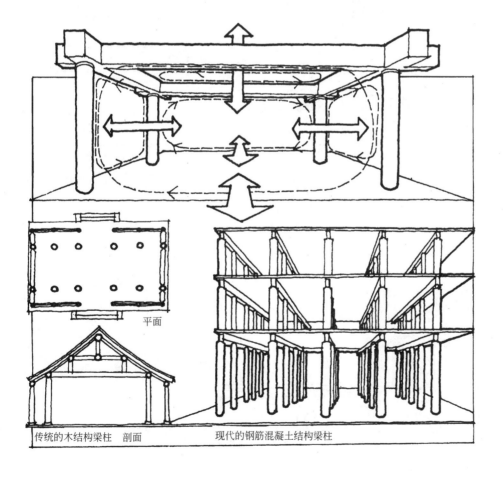

梁柱的空间限定与流动

墙面的空间限定

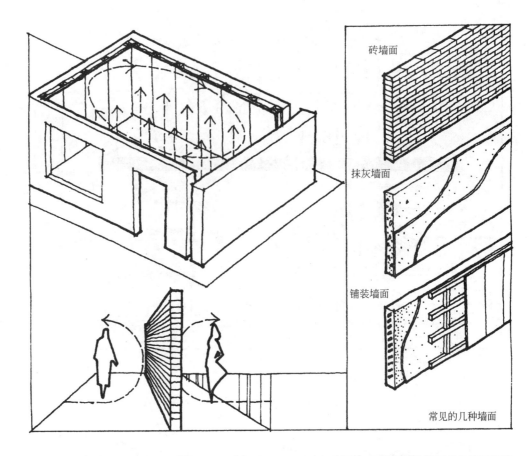

常见的几种墙面

顶棚的空间限定

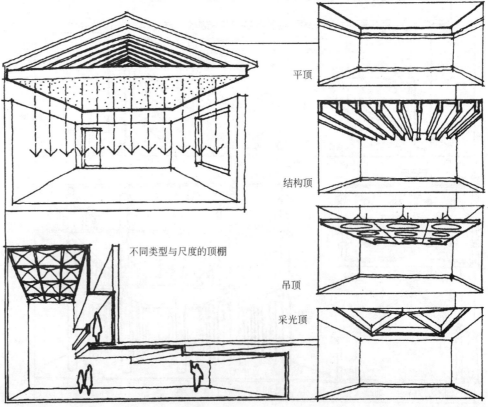

不同类型与尺度的顶棚

苏州留园入口通道的时空处理手法

中国古典园林庭院的时空转换

1.1.3.2 时间序列要素

作为人们熟知的概念，时间，自古以来就存在着各种不同的解释，哲学家、科学家、艺术家都对这个词倾注了巨大的热情。亚里士多德说："时间是运动和变化的量度。"康德说："时间是任何现象总和的首要正式条件。"托尔斯泰说："时间是没有一刻停息的永恒运动，否则就无法想像。"我们所讨论的"时间"是一个物理学名词，是建立在现代物理学时空观之上的。在这里时间和空间是不可分割的，它们是运动着的物质的存在形式。空间是物质存在的广延性，时间是物质运动过程的持续性和顺序性。时间和空间是有限和无限的统一，就微观的具体单个事物而言，时空是有限的，时间是有起点和终点的一段或是其中的某一点。就宏观的宇宙而言，时空是无限的，时间无始无终。从有限时空的概念出发，时间是可以度量的。量度时间一般以地球自转和公转为标准，由此定出度量的单位：年、月、日、时、分、秒。

物理学中客观有限时间的严格量度界定与人的主观有限时间感受，其延续性的长短在知觉上会因人所处的环境不同而有所变化。正如日本的池田大作所说："所谓时间，我们通过宇宙生命的活动和变化，才能感觉到。从我们的体验来说，时间的运动也是根据我们生命活动的状态，有种种不同的变化。高兴的时候，时间就飞也似的过去；痛苦的时候，就会感到过得十分缓慢。"这种本质存在于可称之为对生命内在发动的强烈的主观时间感觉，在室内设计中具有十分重要的意义。室内设计的时空概念正是建立在人的这种主观时间感觉之上。

我们讲室内设计是一门时空连续的四维表现艺术，主要点也在于它的时间和空间艺术的不可分割性。虽然在客观上空间限定是室内设计的基础要素，但如果没有以人的主观时间感受为主导的时间序列要素穿针引线，则室内设计就不可能真正存在。在室内设计中空间实体主要是建筑的界面，界面的效果是人在空间的流动中形

21

成的不同视觉观感，因此，界面的艺术表现是以个体人的主观时间延续来实现的。人在这种时间顺序中，不断地感受到建筑空间实体与虚形在造型、色彩、样式、尺度、比例等多方面信息的刺激，从而产生不同的空间体验。人在行动中连续变换视点和角度，这种在时间上的延续移位就给传统的三维空间增添了新的度量，于是时间在这里成为第四度空间，正是人的行动赋予了第四度空间以完全的实在性。在室内设计中第四度空间与时间序列要素具有同等的意义。

在室内设计中常常提到空间序列的概念，所谓空间序列在客观上表现为空间以不同尺度与样式连续排列的形态。而在主观上这种连续排列的空间形式则是由时间序列来体现的。由于空间序列的形成对室内设计的优劣有最直接的影响，因此，从人的角度出发，时间序列要素就成为与空间限定要素并驾齐驱的室内设计基础要素。

既然时间序列要素表现为人在空间中的主观行动。那么人的行动速度在这里就具有至关重要的意义，因为行动速度直接影响到空间体验的效果。人在同一空间中以不同的速度行进，会得出完全不同的空间感受，从而产生不同的环境审美感觉。登泰山步行攀越十八盘和坐缆车直上南天门的环境美感截然两样。因此研究人的行进速度与空间感受之间的关系就显得格外重要。

在建筑内部空间中，人的步行速度依然是时间序列要素的标准度量。不同之处只在于步行速度的快慢和停留时间的长短。在建筑内部空间使用功能较为单一的年代，人在空间中的行进速度和停留时间相对一致。而在当代，由于内部空间的使用功能复杂多元，步行速度和停留时间就呈现出相当的差距。正是这种差距使内部空间的设计出现了完全不同的艺术处理手法与表现形式。

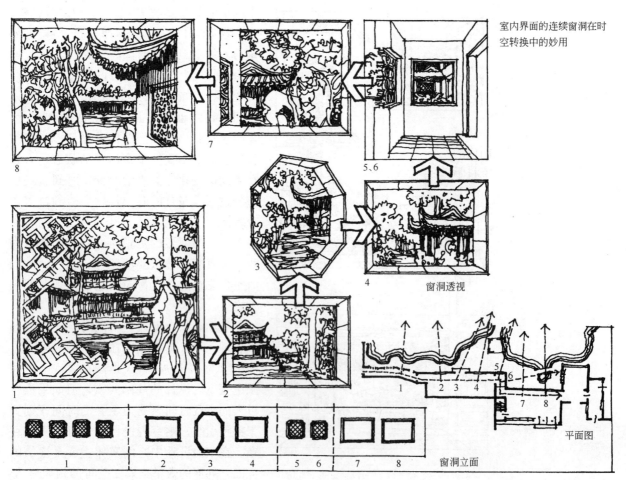

室内界面的连续窗洞在时空转换中的妙用

窗洞透视

平面图

窗洞立面

1.1.4 系统的概念

室内设计所涉及的自然环境、人工环境、社会环境问题，室内设计与各种艺术和设计门类的关系，室内设计空间模式的四维化特征，使其具有明显的边缘性与综合性，本身的多元化特征格外突出。在设计中采用一般的工作方法和程序显然不能满足其特殊需求。因此系统科学的概念与应用对室内设计具有十分重要的意义。

系统的科学概念源于20世纪30年代奥地利生物学家贝塔郎菲（Ludwig Von Bertalanffy）提出的一般系统论（General System Theory）。并在后来成为系统科学的理论基础之一。一般系统论把所有可以称为系统的事物当作统一的研究对象进行处理，从系统形式、状态、结构、功能、行为一直探索到系统的可能组织、演化、生长或消亡，而不管这种系统究竟来自何种学科。这种基本思路与后来的控制论不同，控制论产生的初期汲取了一般系统论的许多重要概念或结论，因而在系统的观点上基本一致，但控制论主要对受控的系统感兴趣，创造条件把本来不受控的系统置于控制之下。

在20世纪70年代初由于一般系统论和控制论的发展，开始形成我们今天所讲的系统科学（Systems Science）。系统科学处于自然科学与社会科学交叉的边缘地带，是20世纪末信息论、运筹学、计算机科学、生命科学、思维科学、管理科学等科学技术高度发展的必然产物。简单地说，系统科学就是立足于"系统"概念，按一定的系统方法建立起来的科学体系。由于控制论的方法论地位和高度综合性，控制论和系统科学在国际学术界有时是相提并论甚至等同的。

按照一般系统的定义，多个矛盾要素的统一体就叫系统。这些要素也叫系统成分、成员、元素或子系统。要对一个系统进行分析，必须获得有关该系统的四方面知识：结构、功能、行为、环境。

面对我们所处的世界，系统无处不在，地球是一个系统，同时又是太阳系的子系统；太阳系本身是一个更大的系统，但却是银河系这样一个更为巨大的系统中的子系统。就室内设计而言，它也是一个复杂的系统，空间界面是室内设计的要素，空间界面本身又是由地面、墙面、顶棚、门窗、设备、装饰物等子系统所构成，它们又能细分为形状、材质、色彩等等。

就设计的实用概念而言需要的是控制论系统，控制论系统是当然的一般系统，但一般系统却不一定都是控制论系统。一个控制论系统要具备5个基本属性：

1. 可组织性

系统的空间结构不但有规律可循，而且可以按一定秩序组织起来。

2. 因果性

系统的功能在时间上有先后之分，即时间上有序，不能本末倒置。

3. 动态性

系统的任何特征总在变化之中。

4. 目的性

系统的行为受目的支配。要控制系统朝某一方向或某一指标发展，目的或目标必须十分明确。

5. 环境适应性

了解系统本身，尚不能说可成为控制论系统。必须同时了解系统的环境和了解系统对环境的适应能力。

由此我们可以看出一个能进行有效控制的控制论系统，必须具备"可控制性"和"可观察性"。这就是说控制论必须是受控的，系统受控的前提是由足够的信息反馈来保证的。

一般系统论、控制论一直到系统科学，都是从系统概念的基础上发展起来的。今天，系统的概念已经渗透到各类学科，可以说它是一种方法，是一把打开未知世界大门的金钥匙。在室内设计的领域有了系统概念，就可以通过有条不紊的归纳、类比、联想、判断来解决一个个设计上的难题。

系统归类后的分析是建立在创造性思维的模型基础之上。这种模型是对客观事物的模拟、写照、描绘或翻版。模型可分为两种类型：一类为定性模型，一类为定量模型。定性模型分为三种：实物模型（木工模型、飞机模型、建筑模型、物理实验模型等）；概念模型（政治模型、心理模型、语言模型等）；直观模型（广告模型、方框图、程序框图等）。定量模型也分三种：数学模型（用代数方程、微分或差分方程、积分方程或其他符号化方式表明系统要素间数量关系的模型）；结构模型（用几何或图论方法描述系统要素间因果数量关系的模型，如网络模型、决策树模型等）；仿真模型（利用计算机的数据处理和逻辑运算两大功能，用计算机能读懂的语言编写的程序表现的模型）。

在分析特定问题或描述指定事件时，控制系统论主张定性与定量的方法紧密结合，定性模型和定量模型相互参照印证才能得出科学的结论。这是因为缺乏定量分析、没有数据支持的定性模型是不科学和不可靠的。缺乏定性模型、没有逻辑推理的定量模型是片面和不完善的。

20多年来"系统"概念在控制论、信息论、运筹学基础上，从一般系统论发展成为具有三个层次的系统科学：系统哲学或方法论、系统理论、系统工程。其中属于系统科学应用部分的系统工程对室内设计最具实用价值。所谓系统工程就是把系统科学的原理运用于工程和社会经济实际。

系统工程的主导思想就是通过系统分析、系统设计、系统评价、系统综合达到物尽其用的目的。系统工程既是组织管理技术，也是创造性思维方法，又是现代科学技术的大综合。它与其他学科的联系十分紧密。

系统工程所采用系统科学原理的主要观点有：整体观点、综合观点、比证观点（即价值观点）、战略观点、优化观点。

系统工程的实施包含三个基本步骤：第一是提出问题；第二是通过建立模型，优化目标，进行系统分析；第三是按一定的评价标准（价值准则）将不同的措施方案加以解释评价，选择最优方案。

通过对系统科学和系统工程的分析，我们不难看出"系统"概念对于室内设计所具有的重要意义。实际上室内设计程序的科学实施必定是建立在系统科学和系统工程的理论基础之上，缺乏系统概念指导的室内设计必定会在某个环节出现漏洞，完成的工程项目也不会是一个完整的室内设计。

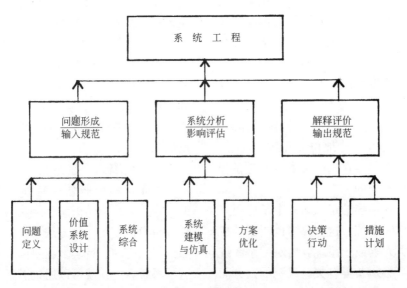

一项系统工程的主环节

"室内设计系统理论基础"的教学要点

室内设计作为环境艺术设计专业下的一个子系统，本身属于艺术设计门类，同时与环境、城市规划、建筑、园林、景观等专业有着密切的关系。其边缘性、综合性、多元性的学科特点极为突出。本节的教学方法应重在基础理论观点的讲授，可综合当代哲学、社会学、经济学、环境学、建筑学的最新研究成果组织教学。教师可根据实际情况组织一定量的实地社会调研，具体分析若干室内空间实例，使学生明确室内设计系统的学科定位，以及它所依赖的理论基础，为掌握专业知识学习的具体努力方向和今后从事的室内设计事业界定正确的目标。

思 考 题

1. 自然环境、人工环境、社会环境的基本概念与相互关系？
2. 室内设计系统从属于哪一类环境？
3. 室内设计是科学与艺术的综合，在艺术表现形式上它属于哪一类？
4. 室内设计的空间体系概念是建立在何种学科的理论基础之上？
5. 构成室内设计空间体系的要素是什么？

教 学 札 记

作 业 内 容

1. 环境景观、建筑室内、园林绿化等内容的命题评论文章。
2. 指定空间的实地调研报告(包括速写、测绘、文字三种表现形式)。

教 学 札 记

1.2 室内设计系统的内容要素

1.2.1 设计系统的内容分类

作为一个综合性的设计系统,其内容的分类可依据多种基础。从室内设计科学的程序出发,按照功能与审美、技术与艺术的概念进行内容的分类更符合于专业的特点。

室内使用功能所涉及的内容与建筑的类型和人的日常生活方式有着最直接的关系。按照人的生活行为模式,室内空间可分为三个大的类型,即:居住空间、工作空间、公共空间。每一类空间都有明确的使用功能,这些不同的使用功能所体现的内容构成了空间的基本特征。这些特征决定了室内设计的审美趋向以及设计概念构思的确立。

具体到每一个有着明确使用功能的空间,其建筑平面的划分又因人的行为特点表现为"动"与"静"两种基本类型。人以行走的动作特征出入特定空间的行为体现为"动",这种以"动"为主的功能空间,在建筑平面上就是交通面积;人以站、坐、卧的动作特征停留在特定空间的行为体现为"静",这种以"静"为主的功能空间,在建筑平面上就是使用面积。划分空间动静位置的工作就成为室内功能设计的主要内容,称其为室内设计的功能分区。功能分区的设计是构成室内空间形态的基础。

室内的审美是单位空间中所有实体与虚形的总体形象,通过人的视、听、嗅、触感官反映到大脑所形成的氛围感受来实现的。其中视觉在所有的审美感官中起的作用最大,因此构成典型室内6个界面的形、色、质就成为设计中主要考虑的审美内容,称其为室内的视觉形象设计。视觉形象设计一方面要注重界面本身的装修效果,另一方面更要注意空间中的陈设物与界面在不同视角形成的总体效果。

室内空间能否满足功能与审美的需求,在很大程度上取决于技术要素。一个屋顶漏水、通风不畅、光照不足、暖气不热的房间,即使平面功能设计得非常理想,空间形象处理得异常美观,同样没有

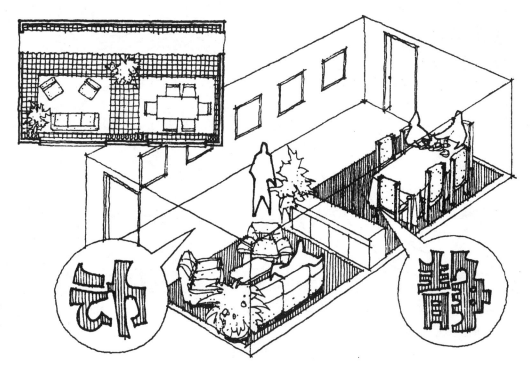

人的行为特征构成了空间平面使用功能的"动"、"静"分区

任何舒适可言。作为完整的室内设计系统，技术含量最高的由各类空间构件与设备组成的人工环境系统是必不可少的内容。

赏心悦目的空间氛围是室内设计艺术处理所追求的理想标准。要达到这样一种境界，空间限定要素本身的形态、比例、尺度、色质必须符合一般的审美标准，在我们目前的室内设计中这样的艺术处理主要是通过界面的装修来实现的。由于单体界面一般表现为二维的空间形式，如果设计者头脑中的空间整体意识不是很强，就很容易在装修完成的空间中造成杂乱无章的效果，于是也就很难达到我们所希望的那种空间艺术氛围。要解决这个问题，一方面要加强设计者本身的四维空间意识；另一方面要树立"装饰陈设"是室内设计系统中必不可少的艺术组件的概念，缺少这个环节就不是一个完整的室内设计系统。在一个空间中装饰陈设组件与界面的关系就如同演员与舞台的关系，相辅相成才是一台戏。空间总体艺术氛围的形成是空间中所有要素的综合反映，而绝不仅仅是简单的界面装修所能解决的。

以上我们分析了室内设计系统内容的主要方面，下面按照不同的分类法，概述室内设计系统的各个层面。

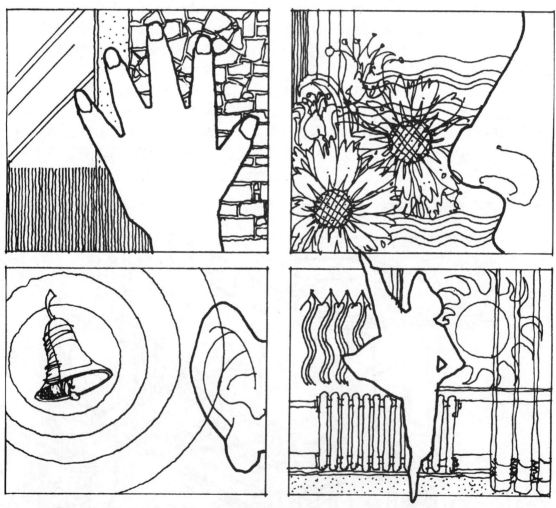

人的生理感觉会造成不同的室内心理空间氛围

1. 按空间使用类型区分的内容

居住空间、工作空间、公共空间是按空间使用类型区分的三个大的方面,每一个方面都包括相当的内容。居住空间在建筑类型上有单体平房、平房组合庭院、单体楼房、楼房组合庭院,以及综合群组等样式;在使用类型上有单间住宅、单元住宅、成套公寓、景园别墅、成组庄园等形式。工作空间的建筑类型相对简单,一类为适合白领阶层工作的办公楼房,一类为适合蓝领阶层工作的功能性较强的厂房车间。其使用类型则以功能为主进行分区的不同空间来界定。公共空间是内容最为丰富的一类,建筑形式变化多样,使用类型复杂多元,如商场、饭店、餐厅、酒家、娱乐场、影剧院、体育馆、会堂、展览馆等等。

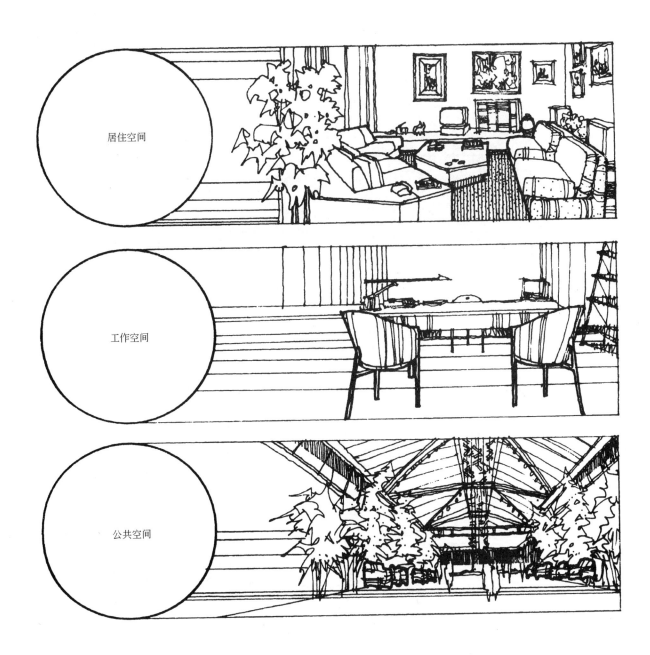

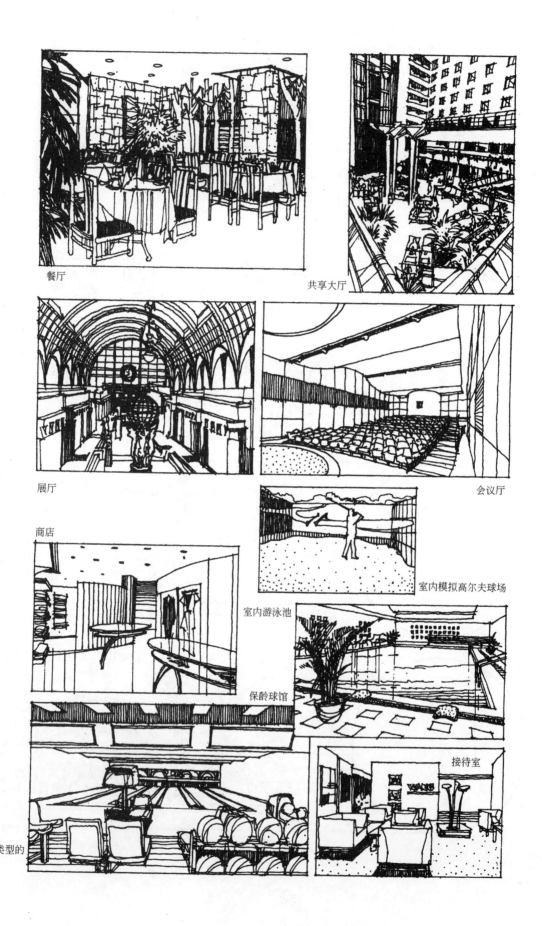

餐厅

共享大厅

展厅

会议厅

商店

室内模拟高尔夫球场

室内游泳池

保龄球馆

接待室

不同使用类型的室内空间

2. 按生活行为方式区分的内容

所有的室内空间都是以满足人的各种需求设置的。以人的生活行为方式界定室内设计系统的空间内容表现，在设计的思维逻辑方面显得更为合理。从这样一种概念出发，室内空间可以区分为：餐饮空间、睡眠空间、休息空间、会谈空间、购物空间、劳作空间、娱乐空间、运动空间等等。

3. 按空间构成方式区分的内容

不论何种空间均是由不同形态的界面围合而成，围合形式的差异造就了空间内容的变化，按空间构成方式来区分内容，能够从空间的本质特征来营造符合功能与审美要求的环境。室内空间的构成方式受其形态的影响与制约呈现出三种基本形式：静态封闭空间，动态开敞空间，虚拟流动空间。

静态封闭空间具有如下特征：

(1) 以限定性强的界面围合；

(2) 内向的私密性尽端；

(3) 领域感很强的对称向心形式；

(4) 空间界面及陈设的比例尺度协调统一。

动态开敞空间具有如下特征：

(1) 界面围合不完整，某一侧界面具有开洞或启闭的形态；

(2) 外向性强限定度弱，具有与自然和周围环境交流渗透的特点；

(3) 利用自然、物理和人为的诸种要素，造成空间与时间结合的"四维空间"；

(4) 界面形体对比变化，图案线型动感强烈。

虚拟流动空间具有如下特征：

(1) 不以界面围合作为限定要素，依靠形体的启示、视觉的联想来划定空间；

(2) 以象征性的分隔，造成视野通透交通无阻隔，保持最大限度交融与连续的空间；

(3) 极富流动感的方向引导性空间线型；

(4) 借助于室内部件及装饰要素形成的"心理空间"。

在三种基本形式下，其空间内容依结构、尺度、材料及界面几何形体的变化，演化出千姿百态的样式。

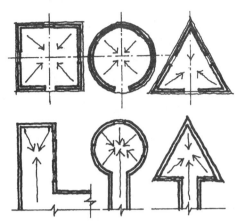

界面围合样式

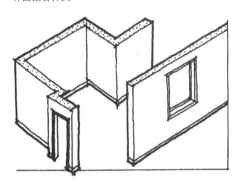

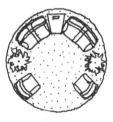

平面组合样式

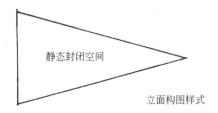

静态封闭空间

立面构图样式

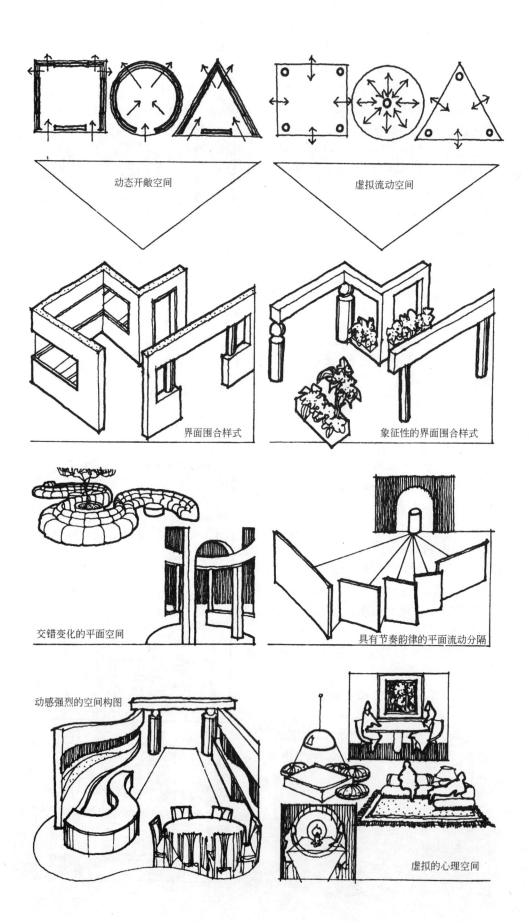

4. 按空间环境系统区分的内容

针对自然界本身的变异以及人为造成的环境影响，而设置的空间构件与设备组成了室内环境系统。按空间环境系统区分的内容，有助于设计者从理性的概念出发，分析室内空间的环境系统对使用功能与艺术处理的影响，从而建立科学的设计程序，确立在设计的不同阶段与环境系统各专业协调矛盾的工作方法。室内空间的环境系统由六大部分内容组成，它们是：采光与照明系统、电气系统、给水排水系统、供暖与通风空调系统、声学与音响系统、消防系统。

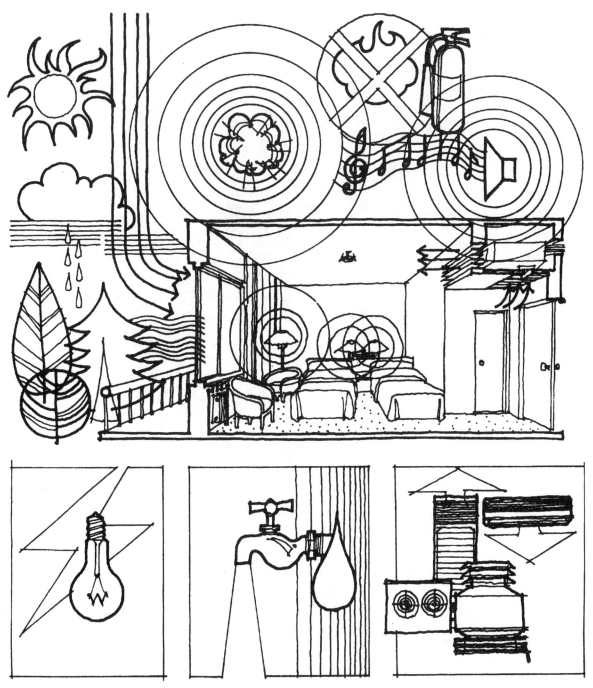

复杂的室内空间环境系统

玻璃幕墙使室内充满了阳光

倒金字塔形采光天窗最大限度投射光线，并营造了别致的空间形象

光环境系统

局部照明的扇面形图案与床头板相映成趣

竖向百叶帘在墙面和地面投射出变幻的图案

水环境系统

弧形反射灯带与地面材料交相辉映

声环境系统

跌落瀑布形成空间的主景

悬挂的声板成为独特的装饰

三角瀑布与顶棚构图统一和谐

室内环境系统造就出丰富的空间视觉形象

各种类型的室内装饰空间

中国明式圈椅　　法国路易十六式椅

家具在室内空间的陈设装饰中扮演着十分重要的角色，用家具组织不同的活动中心

胶合板钢木椅　　壳体模塑椅

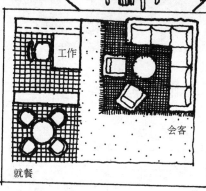

墙面挂画装饰的不同形式

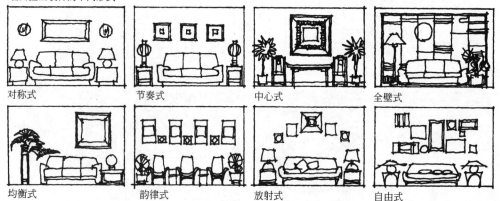
对称式　　节奏式　　中心式　　全壁式
均衡式　　韵律式　　放射式　　自由式

5. 按空间装饰陈设区分的内容

室内空间的装饰陈设包括两个方面的内容：对已装修的界面进行装饰设计和用活动物品进行的陈设设计。明确按空间装饰陈设区分的内容，有助于设计者从空间整体艺术氛围的角度出发，提高空间的艺术品位。在装饰与陈设中运用的物品是极其丰富的，从大的方面可分为五类，即：家具、绿化、纺织品、艺术与工艺品、日常生活用品。

尽管室内设计的系统构成比较复杂，但从设计者的角度出发还是应该抓住重点，这个重点就是我们下面要讲的：空间构造与环境系统、空间形象与尺度系统。

1.2.2 空间构造与环境系统

空间构造与环境系统是室内设计功能系统的主要组成部分。

建筑是构成室内空间的本体，正如老子语："三十辐，共一毂，当其无，有车之用。埏埴以为器，当其无，有器之用。凿户牖以为室，当其无，有室之用。故有之以为利，无之以为用。"这段文字形象而又生动地阐述了空间的实体与虚空，存在与使用之间辩证而又统一的关系。就室内设计而言，"无"的存在是以建筑构架的"有"作为基础的。离开了建筑构造对空间的限定，室内设计就根本无从谈起，建筑是"因"，室内是"果"。建筑构造对于室内形态具有决定性作用，如果不是以钢铁和水泥为要素组成钢筋混凝土，从而产生大尺度的框架构造，使内部空间的自由划分成为可能，则现代意义上的室内设计都不可能产生。

与建筑空间构造相配的是室内的环境系统。所谓环境系统实际上是建筑构造中满足人的各种生理需求的物理人工设备与构件。环境系统是现代建筑不可或缺的有机组成部分，涉及到水、电、风、光、声等多种技术领域。这种人工的环境系统与建筑构造组成了室内设计的物质基础，是满足室内各种功能的前提。两者的结合构成了空间构造与环境系统。

尽管今天的建筑构造形式比之过去有了相当大的进步，但是还没有达到随心所欲创建内部空间造型的地步，受经济、材料、技术的制约，室内设计依然要充分考虑构造对空间造型的影响。

在框架构造的建筑空间中柱网间距的尺度、柱径与柱高之比、梁板的厚度都对室内空间的塑造具有重要的影响力。利用框架构造本身的特点，在柱与梁上做文章已成为这类空间室内设计的一种常用手法。相对来讲砖混构造的建筑在空间上留给室内设计的余地十分有限，因此在这类空间中界面的装饰就显得非常重要。同时建筑构造类型也会对门窗的样式产生直接的影响，横带窗，全玻璃落地窗只可能出现在框架构造的建筑中，传统建筑的门窗样式之所以注重周圈的装饰，重要的一点也在于受当时建筑构造的限定，不可能在大的方面有更多的变化。

由采光与照明系统、电气系统、给水排水系统、供暖与通风空调系统、音响系统、消防系统组成的人工环境系统，是空间构造与环境系统中更为重要的一翼。人工环境系统的设置不但对室内设计空间视

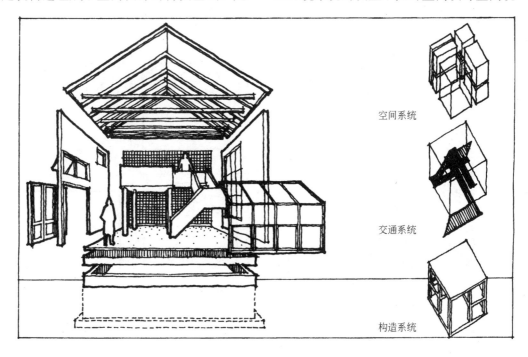

室内空间的构造体系

觉形象产生影响，同时也受到建筑空间构造的制约。

光线的强弱明暗，光影的虚实形状和色彩对室内环境气氛的创造有着举足轻重的作用。自然光和人工光有着不同的物理特性和视觉形象，不同的采光方式导致不同的采光效果和光照质量。在采光与照明系统中，自然采光受开窗形式和位置的制约，人工照明受电气系统及灯具配光形式的制约。

电气系统在现代建筑的人工环境系统中居于核心位置，各类系统的设备运行，供水、空调、通信、广播、电视、保安监控、家用电器等等都要依赖于电能。在电气系统中，强电系统的功率对室内设备与照明产生影响，弱电系统的设备位置造型与空间形象发生关系。

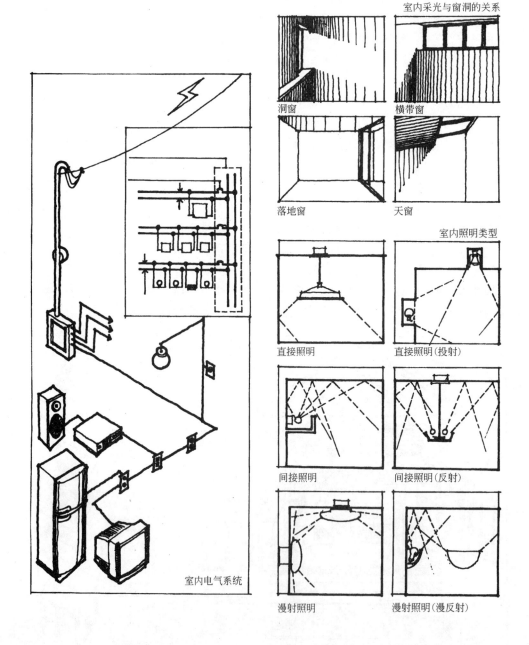

在给水排水系统方面：上下水管与楼层房间具有对应关系，室内设计中涉及到用水房间需考虑相互位置的关系。

在供暖与通风空调系统中：设备与管路是所有人工环境系统中体量最大的，它们占据的建筑空间和风口位置会对室内视觉形象的艺术表现形式产生很大影响。

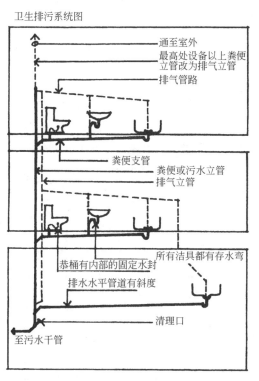

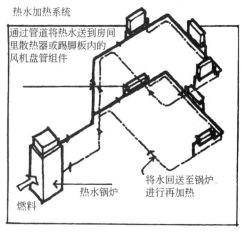

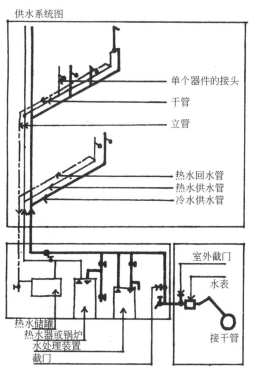

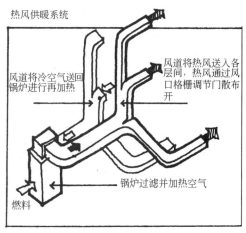

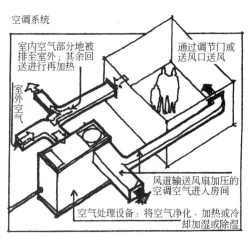

音响系统包括建筑声学与电声传输两方面的内容。建筑构造限定的室内空间形态与声音的传播具有密切关系；界面装修构造和装修材料的种类直接影响隔声吸声的等级。

消防系统包括烟感警报系统与管道喷淋系统两方面的内容，消防设备的安装位置有着严格的界定，在室内装修的空间造型中注意避让消防设备是一个较为重要的问题。

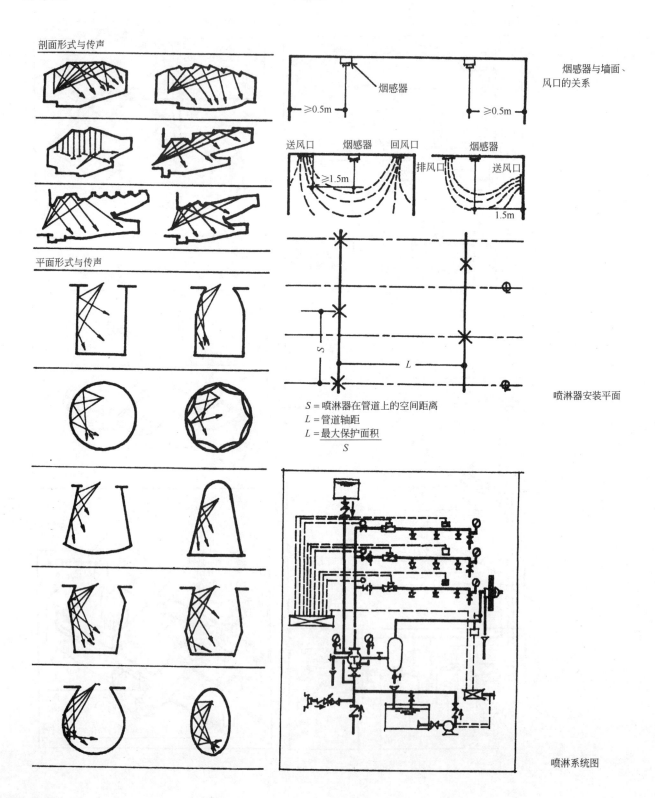

1.2.3 空间形象与尺度系统

空间形象与尺度系统是室内设计审美系统的主要组成部分。

室内空间形象是空间形态通过人的感觉器官作用于大脑的反映结果。界面围合的空间样式，围合空间中光照的来源、照度、颜色，界面本身的材质，围合空间中所有的装饰陈设物，综合构成了空间的总体形象。平面布局中功能实体的合理距离，墙面顶棚装修材料的组合，装饰陈设用品的悬挂与摆放，都与尺度比例有着密切的关系。

从视觉形象的概念出发，空间形象的优劣是以尺度比例为主要标准。因此把空间形象与尺度置于同一系统是合乎逻辑的。

在空间形象与尺度系统中，尺度的概念包含了两方面的内容。一方面是指室内空间中人的行为心理尺度因素，这种因素主要体现在与人的行为心理有直接联系的功能空间设计上。由于室内尺度是以人体尺度为模数，人的活动受界面围合的影响，其尺度感受十分敏锐，从而形成以厘米为单位的度量体系。这种体系以满足功能需求为基本准则，同时影响到内部空间中人的审美标准。

尺度的另一概念是指室内界面本身构造或装修的空间尺度比例。这种主要满足于空间立面构图的尺度比例标准，在空间形象审美上具有十分重要的意义。

空间形象的尺度比例应符合于数的比率关系，黄金分割比是古希腊人建立的被人们所熟知的比例系统，这个比例系统同样适用于室内设计

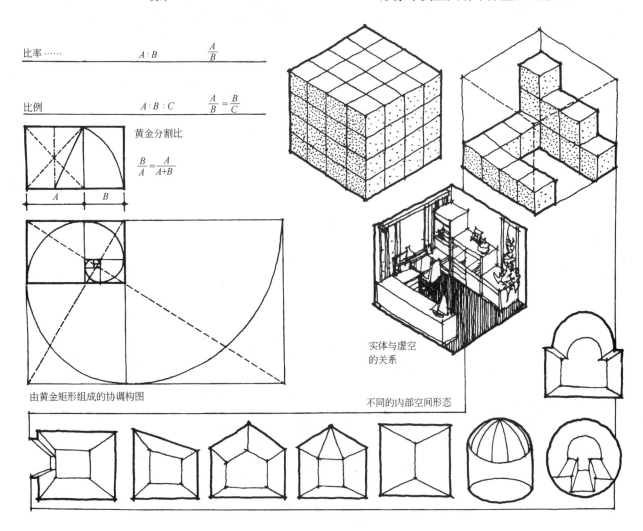

由黄金矩形组成的协调构图

实体与虚空的关系

不同的内部空间形态

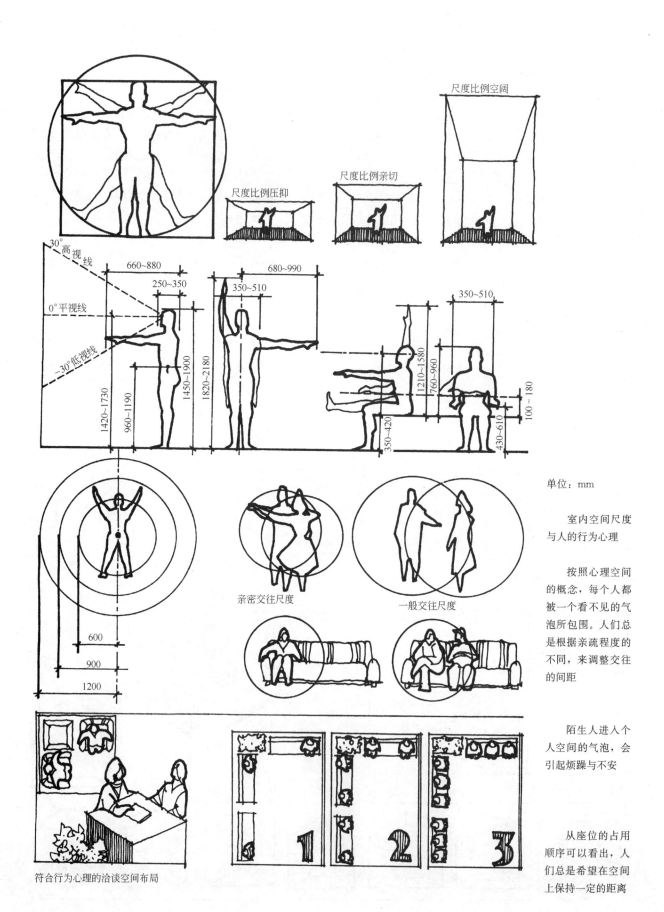

单位：mm

室内空间尺度与人的行为心理

按照心理空间的概念，每个人都被一个看不见的气泡所包围。人们总是根据亲疏程度的不同，来调整交往的间距

陌生人进入个人空间的气泡，会引起烦躁与不安

从座位的占用顺序可以看出，人们总是希望在空间上保持一定的距离

界面围合是空间形象构成的主要方面。空间形象的界面围合样式主要由空间分隔、空间组合与界面处理三个部分组成。

1. 空间分隔

空间分隔在界面形态上分为绝对分隔、相对分隔、意象分隔三种形式。

（1）绝对分隔：以限定度高的实体界面分隔空间，称为绝对分隔（限定度：隔离视线、声音、温湿度等的程度）。绝对分隔是封闭性的，分隔出的空间界限非常明确，具有全面抗干扰的能力，保证了安静私密的功能需求。

实体界面主要以到顶的承重墙、轻体隔墙、活动隔断等组成。

（2）相对分隔：以限定度低的局部界面分隔空间，称为相对分隔。相对分隔具有一定的流动性，其限定度的强弱因界面的大小、材质、形态而异，分隔出的空间界限不太明确。

局部界面主要以不到顶的隔墙、翼墙、屏风、较高的家具等组成。

（3）意象分隔：非实体界面分隔的空间，称为意象分隔。这是一种限定度很低的分隔方式，空间界面虚拟模糊，通过人的"视觉完形性"来联想感知，具有意象性的心理效应。其空间划分隔而不断，通透深邃，层次丰富，流动性极强。

非实体界面是以栏杆、罩、花格、构架、玻璃等通透的隔断，以及家具、绿化、水体、色彩、材质、光线、高差、音响、气味、悬垂物等因素组成。

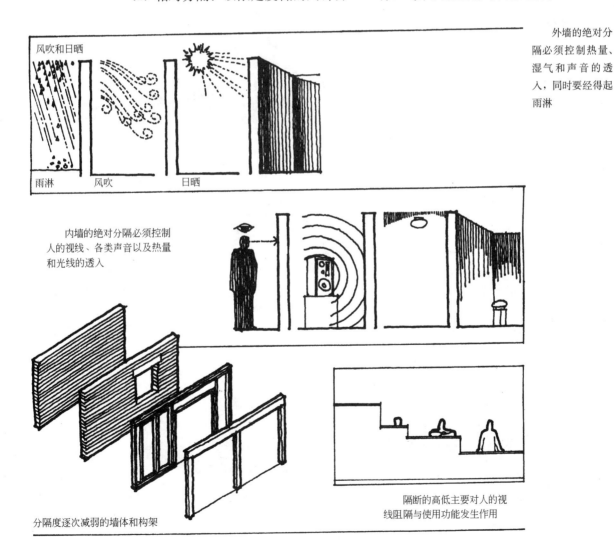

外墙的绝对分隔必须控制热量、湿气和声音的透入，同时要经得起雨淋

内墙的绝对分隔必须控制人的视线、各类声音以及热量和光线的透入

分隔度逐次减弱的墙体和构架

隔断的高低主要对人的视线阻隔与使用功能发生作用

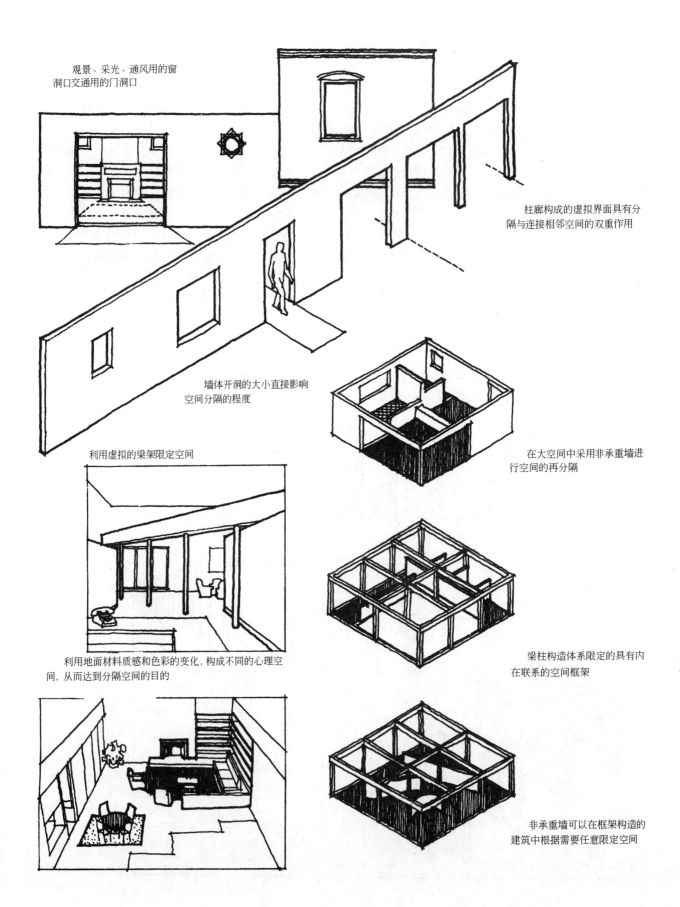

空间分隔具有以下几种典型的方法。

(1) 建筑结构与装饰构架：利用建筑本身的结构和内部空间的装饰构架进行分隔，具有力度感、工艺感、安全感，结构构架以简练的点、线要素组成通透的虚拟界面。

(2) 隔断与家具：利用隔断和家具进行分隔，具有很强的领域感，容易形成空间的围合中心。隔断以垂直面的分隔为主；家具以水平面的分隔为主。

(3) 光色与质感：利用色相的明度、纯度变化，材质的粗糙平滑对比，照明的配光形式区分，达到分隔空间的目的。

(4) 界面凸凹与高低：利用界面凸凹和高低的变化进行分隔，具有较强的展示性，使空间的情调富于戏剧性变化，活跃与乐趣并存。

(5) 陈设与装饰：利用陈设和装饰进行分隔，具有较强的向心感，空间充实，层次变化丰富，容易形成视觉中心。

(6) 水体与绿化：利用水体和绿化进行分隔，具有美化和扩大空间的效应，充满生机的装饰性，使人亲近自然的心理得到很大满足。

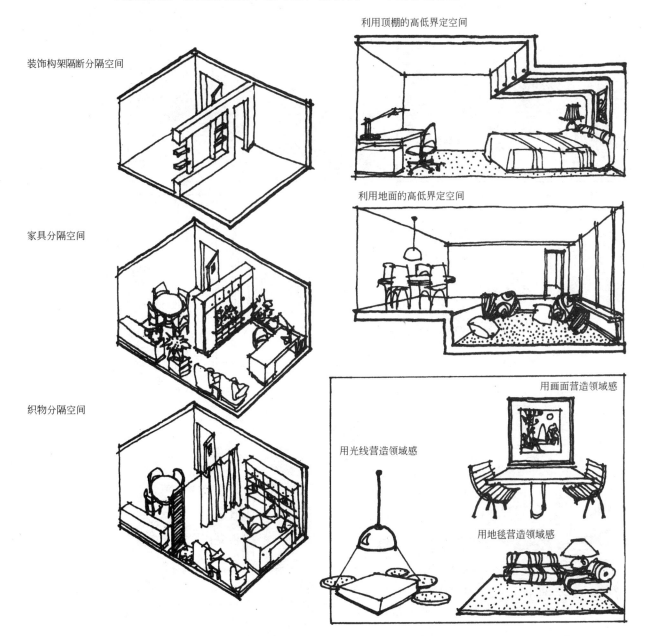

1. 以建筑构架分隔的空间
2. 环形反光灯槽界定的空间
3. 展板隔断划分的空间
4. 矩形玻璃和横向格栅组成的隔断
5. 大型绿化形成空间的中心
6. 竖向塑料线管半透明隔断
7. 大型陈设物成为空间的视觉中心
8. 水帘划分的空间
9. 光井与艺术陈设界定的空间

2. 空间组合

（1）包容性组合：以二次限定的手法，在一个大空间中包容另一个小空间，称为包容性组合。

（2）邻接性组合：两个不同形态的空间以对接的方式进行组合，称为邻接性组合。

（3）穿插性组合：以交错嵌入的方式进行组合的空间，称为穿插性组合。

（4）过渡性组合：以空间界面交融渗透的限定方式进行组合，称为过渡性组合。

（5）综合性组合：综合自然及内外空间要素，以灵活通透的流动性空间处理进行组合，称为综合性组合。

空间组合的基本形式

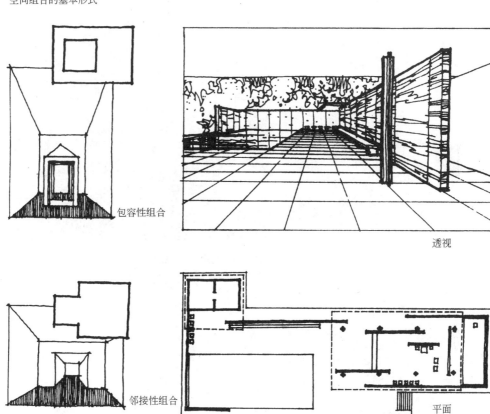

透视

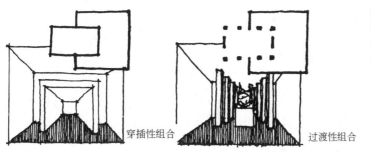

包容性组合

邻接性组合

平面

穿插性组合　　过渡性组合

由密斯·凡·德·罗1930年设计并建于西班牙巴塞罗那的世界博览会德国馆内部空间，成为现代主义空间分隔组合的典范

1. 利用悬桥走廊组合空间
2. 利用中国传统的屋檐构造在室内组合空间
3. 室内构架形成的包容性空间组合
4. 在室内模拟乌篷船构筑的包容性空间
5. 大型柱廊成为室内外的邻接空间
6. 旋转楼梯成为穿插性组合的空间主体
7. 贝聿铭设计的华盛顿国家美术馆东馆是综合性空间组合的杰出范例

1.2.4 实体界面与装修系统

建筑空间的实体界面是通过装修设计系统来实现其外在审美价值的。一幢建筑的结构施工完成后,室内的墙面总是裸露着结构材料的本来面目:砖石、混凝土、木材之类。使用适合于人在近距离观看和触摸的各种质地细腻、色彩柔和的材料进行封装,称之为装修。装修的目的更多地是为了满足人的视觉审美感受。

装修设计需要合理的选材,并依照一定的比例尺度。因此,空间构图具有十分重要的意义。室内界面装修的空间构图,首先必须服从于人体所能接受的尺度比例,同时还要符合建筑构造的限定要求。在满足以上的基础要素之后,运用造型艺术的规律,从空间整体的视觉形象出发,来组织合理的空间构图。

从技术的层面来讲,结构和材料是室内空间构图界面处理的基础。而理想的结构与材料,其本身也具备朴素自然的美。

质感与光色的关系 质感的肌理越细腻则光感越强,墙面的色彩亮度越高

涂料墙面

轻与重的对比

饰面砖墙面

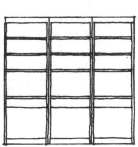

简与繁的对比

木装修墙面

粗纺织物墙面

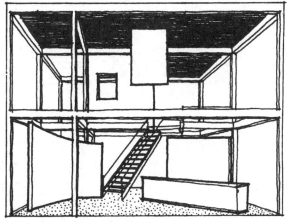

室内的界面是以不同的形式处于同一空间的不同位置,其处理手法自然不尽相同

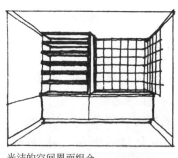
光洁的空间界面组合

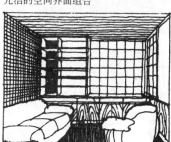
有质感的空间界面组合

空间中充满肌理变化的界面组合

空间中对比的纹理界面组合

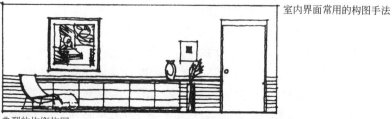
室内界面常用的构图手法

典型的均衡构图

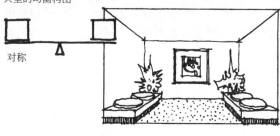
对称

对称与均衡是室内空间界面构图最基本的手法

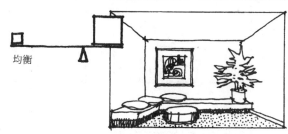
均衡

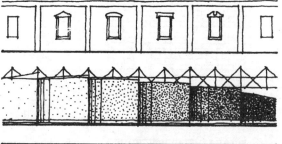
界面韵律中的细部变化

界面尺寸大小的渐变

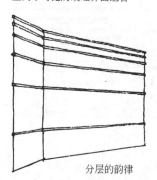

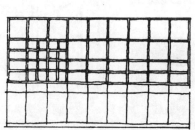
分层的韵律　　网格：水平和垂直的韵律

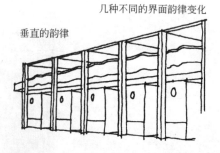
几种不同的界面韵律变化

垂直的韵律

1. 装修材料

装修材料的种类十分丰富，主要分为天然材料与人工合成材料两大类，最常用的是以下几种材料：

（1）木材：木材用于室内设计工程，已有悠久的历史。它材质轻、强度高；有较佳的弹性和韧性、耐冲击和振动；易于加工和表面涂饰；对电、热和声音有高度的绝缘性；特别是木材美丽的自然纹理、柔和温暖的视觉和触觉是其他材料所无法替代的。

（2）石材：饰面石材分天然与人工两种。前者指从天然岩体中开采出来，并经加工成块状或板状材料的总称。后者是以前者石渣为骨料制成的板块总称。

饰面石材按其使用部位分为三类：一为不承受任何机械荷载的内、外墙饰面材料。二为承受一定荷载的地面、台阶、柱子的饰面材料。三为自身承重的大型纪念碑、塔、柱、雕塑等。

饰面石材的装饰性能主要是通过色彩、花纹、光泽以及质地肌理等反映出来。同时还要考虑其可加工性。

（3）金属：在自然界至今已发现的元素中，凡具有好的导电、导热和可锻性能的元素称为金属，如铁、锰、铝、铜、铬、镍、钨等。

合金是由两种以上的金属元素，或者金属与非金属元素所组成的具有金属性质的物质。如钢是铁和碳所组成的合金，黄铜是铜和锌的合金。

黑色金属是以铁为基本成分（化学元素）的金属及合金。有色金属的基本成分不是铁，而是其他元素，例如铜、铝、镁等金属和其他合金。

金属材料在装修设计中分结构承重材与饰面材料两大类。色泽突出是金属材料的最大特点。钢、不锈钢及铝材具有现代感，而铜材较华丽、优雅，铁则古拙厚重。

（4）塑料：塑料是人造的或天然的高分子有机化合物，如合成树脂、天然树脂、橡胶、纤维素脂或醚、沥青等为主的有机合成材料。这种材料在一定的高温和高压下具有流动性，可塑制成各式制品，且在常温、常压下制品能保持其形状不变。

塑料质量轻、成型工艺简便，物理、机械性能良好，并有抗腐蚀性和电绝缘性等特征。缺点是耐热性和刚性比较低，长期暴露于大气中会出现老化现象。

（5）陶瓷：陶瓷是陶器与瓷器两大类产品的总称。陶器通常有一定的吸水率，表面粗糙无光，不透明，敲之声音粗哑，有无釉与施釉两种。瓷器坯体细密，基本上不吸水，半透明，有釉层，比陶器烧结度高。

材料是装修设计的基础。随着科技的发展，新型的材料不断涌现。设计者需要注意材料市场的变化，掌握不同材料的应用规律，从而促进装修设计水平的提高。

2. 装修设计要素与处理手法

（1）形体与过渡

界面形体的变化是空间造型的根本，两个界面不同的过渡处理造就了空间的个性。室内的界面形体是以不同的形式处于同一空间的不同位置，需要通过不同的过渡手法进行处理。

（2）质感与光影

材料的质感变化是界面处理最基本的手法，利用采光和照明投射于界面的不同光影，成为营造空间氛围最主要的手段。

质感的肌理越细腻则光感越强，界面的色彩亮度越高。不同质感的界面，在光照下会产生不同的视觉效果。

（3）色彩与图案

在界面处理上，色彩和图案是依附于质感与光影变化的，不同的色彩图案赋予界面鲜明的装饰个性，从而影响到整个空间。

在室内空间中色彩的变化与质感有着密切的关系，由于天然材料本身色彩种类的限制，以及室内界面色彩的中性基调，一般的室内色彩总是处于较为含蓄的高亮度的中性含灰色系，质感一般倾向于由毛面的亚光系列构成。

图案是界面本身所采用材料的纹样处理，这种处理主要应考虑纹样的类型、风格，以及单个纹样尺寸的大小、线型的倾向与整体空间的关系。

（4）变化与层次

界面的变化与层次是依靠结构、材料、形体、质感、光影、色彩、图案等要素的合理搭配而构成的。

3. 空间构图的艺术处理法则

（1）统一与对比

统一是形式美最基本的要求。

古典建筑及室内的有机统一性主要表现为整齐一律、严谨对称，各部分有秩序地隶属于整体，添一分则多，减一分则少。特别是对称形式的构图：均衡稳定，左右相互制约，关系极其明确、肯定。

近代虽不强求对称，但同样也遵循着有机统一原则：组成整体的各部分巧妙地穿插交贯、相互制约，有条不紊地结合成为和谐统一的整体。

到了现代，有机统一似乎更加接近自然界的有机体：摒弃人工创造所独具的整齐一律、见棱见角等特征，而采取自由曲线的形式。尽管如此，有机统一的原则依然不变。

（2）主从与重点

在室内设计实践中，从平面组合到立面处理，从细部装饰到群体组合，都应处理好主从与重点的关系，以达到统一的效果。如果把作为主体的大体量要素置于突出地位，而将其他次要要素从属于主体，便可以形成有机统一的整体。

（3）均衡与稳定

均衡分为静态均衡和动态均衡。

静态均衡有两种基本形式：一种是对称形式，它天然就是均衡的；另一种是不对称形式，它同样体现出各组成部分之间在重量感上相互制约的关系，它比对称形式的均衡轻巧活泼得多。

动态均衡：近现代建筑及室内设计非常强调时间和运动这两方面因素。也就是说人不是固定于某一点上观赏建筑室内，而是在连续运动的过程中不断欣赏。这就是格罗皮乌斯所强调的"生动有韵律的均衡形式"。

（4）对比与微差

对比指的是要素之间显著的差异。微差指的是不显著的差异。对比与微差所研究的是如何利用这些差异性来求得形式的完美统一。

对比与微差只限于同一性质的差异之间，如大与小、直与曲、虚与实以及不同形状、不同色调、不同质地等。在室内设计领域中所涉及到的形式，必然反映功能的特点，而功能本身就包含很多差异性，反映在形式上也必然呈现出各种各样的差异。无论是整体还是局部，单体还是群体，为了求得统一和变化，都离不开对比与微差的运用。

（5）节奏与韵律

韵律美按其形式特点可以分为几种不同的类型：连续的韵律，渐变的韵律，交错的韵律，起伏的韵律。在室内设计中，节奏与韵律的把握对于塑造空间起着不可忽视的作用。

（6）比例与尺度

在室内设计领域中，从全局到每一个细节，无不存在这样一些问题：大小、高低、长度是否合适？宽窄、粗细、厚薄是否合适？收分、斜度、坡度是否合适？这一切就是度量之间的制约关系，即比例问题。

如果没有良好的比例关系和尺度概念，就不可能达到真正的统一和谐。

1.3 室内设计系统的专业课程设置

确立科学的室内设计程序概念，来自于系统专业知识的学习，而系统专业知识的学习又有赖于科学的教学体系。由于室内设计包括的内容十分广泛，同时专业的发展又十分迅猛。室内设计的教学体系在不同的国家、地区、学校呈现出各种模式。从整体情况来看当代的室内设计教育，理性的设计方法思维训练，远远高于表现方法的技巧训练。设计理论、设计表现、设计思维三大类课程构成了室内设计系统教学的科学体系。

设计理论类课程包括中外建筑史、美术史、工艺美术史、环境艺术与室内设计原理，以及相关的艺术理论等内容。

设计表现类课程包括美术基础、摄影基础、制图、表现图绘制、模型制作、计算机空间模拟等内容。

设计思维类课程包括建筑与室内设计初步、建筑与室内空间设计、室内装饰与陈设设计、家具设计、采光与照明设计、景观与绿化设计等内容。

室内设计专业教育的三大类课程是一个完整的教学系统。在这个系统中除了设计理论类课程在课堂讲授上占有相当比例，其他的课程教学更为重视设计过程中的思维指导。大量的设计课题作业练习，远远多于机械的讲授。教师的启发式教学和学生之间群体促进式的学习氛围在这个系统中显得格外重要。构造、材料、设备等技术性较强的专业内容一般结合设计课程组织教学。

下面的授课教学大纲是清华大学美术学院环境艺术设计系室内设计教学体系中的部分课程内容，可供不同层次和类型的室内设计教学部门参考。

1.3.1 设计理论类课程

1. 中外建筑史

（1）教学目的

通过对古今中外不同时代建筑艺术成就的系统介绍，培养学生初步具备历史与理论方面的基础知识，了解历代建筑风格、把握正确的审美观点，认识建筑与自然、社会生活的关系，提高学生的建筑文化修养，树立设计的环境整体意识。

（2）教学内容

绪论；外国古代建筑；中国古代建筑；近、现代建筑。

按照历史沿革，对每个时期、每个国家或地区均简要介绍时代背景，艺术风格的总体特征，结构和施工技术的发展，设计思想和理论建树，名家、名作、名著以及与建筑环境相关的雕塑、绘画、工艺装饰等方面的艺术成就。

（3）教学要求

作为专业理论课，以听讲为主，要求学生认真记课堂笔记。要求学生按教师所布置的必读书目和参考书目进行认真阅读，并写出与课题有关的读书笔记、分析评论等。此类文章作为本课程评定成绩的主要依据。

2. 人体工程学

（1）教学目的

"人体工程学"是设计学科重要的基础知识，按照设计为人服务的理念，人的活动与各类空间实体之间的关系构成了人体工程学研究的范畴。本课程的目的是结合室内设计专业的特点，通过针对性的教学，使学生了解相关的人体工程学内容，从而建立以人的生理与心理需求为设计基准，科学解决设计问题的观念及方法。

（2）教学内容

人体工程学概况：人体工程学发展的历史及各方面的状况；人体工程学的定义、基本内容与目的。室内设计专业相关的人体工程学问题：空间及环境设计中的人体工程学问题；家具设计中的人体工程学问题；人的感知系统与人体工程学问题。人体工程学的研究方法。

（3）教学要求

要求学生通过本课程的学习，全面了解和掌握人体工程学的主要内容及基本方法、原则，建立科学的设计理论概念。

3. 环境行为心理学

（1）教学目的

人的行为与环境的关系处于矛盾的两个方面，其相互转化的结果可能构成不同的空间模式。研究人的环境行为心理对室内设计具有十分重要的意义。本课程的目的在于了解人在各种状态下的不同环境行为心理模式，从而在理论上确立符合人的行为心理特征的环境设计概念。

（2）教学内容

讲授心理学、社会心理学的基本概

念；讲授由人的身体语言所导致的环境行为模式，重点分析不同空间在形态、距离变化的情况下人的行为心理特征。

（3）教学要求

要求学生了解基本的环境行为心理学常识，明确距离与领域在环境行为心理学中的重要意义，掌握运用环境行为心理学理论知识指导室内设计。

4. 室内设计概论

（1）教学目的

通过室内设计基础理论的讲授与形象资料的观摩，让学生对室内设计概念，历史发展概况及风格样式、流派有基本的了解，以及对于室内环境设计程序中的空间设计、装修设计、陈设艺术设计等有较明确的认识和理解。

（2）教学内容

设计哲学和现代室内设计理论；室内设计发展简史（含风格样式和现代设计流派）。

（3）教学要求

要求学生通过听讲了解室内设计的基本概念，从理论上明确设计的基本要求与方法；明确不同风格、流派、样式之间的关系与差别。通过笔记调研写出专题评论文章。

1.3.2 设计表现类课程

1. 专业制图

（1）教学目的

专业制图是指符合设计专业使用的国家制图标准。通过专业制图的学习使学生进一步明确投影理论的应用及空间概念的确立；通过专业制图课的作业训练，掌握基本的专业制图技能，进而为绘制方案、施工图纸，进行专业设计奠定基础；通过专业制图教学，确立学生严谨、细致的设计工作作风。

（2）教学内容

正投影制图的基本概念及绘制方法；城规、园林、建筑、室内制图的规范及绘制方法；专业设计方案图及施工图的绘制。

（3）教学要求

要求学生树立明确的正投影概念；掌握扎实的制图基本功，包括工具的正确使用，图线、图形、图标、字体的正确绘制；通过测绘的手段，要求学生确立正确的制图绘制程序与方法；掌握专业设计方案及施工图的绘制方法。

2. 专业设计表现技法

（1）教学目的

一切可以进行视觉传递的图形学技术，都可以作为专业设计的表现技法。现阶段主要以透视效果图的方法，作为专业设计表现技法课的教学手段。

通过表现技法课的绘画教学，掌握以素描、色彩为基本要素的具有一定专业程式化技法的专业绘画技能；通过对景观设计资料的收集、临摹与整理，用专业绘画的手段，初步了解专业的概略；通过绘制透视效果图验证自己的设计构思，从而提高专业设计的能力与水平；从专业绘画的角度，加深对空间整体概念及色彩搭配的理解，提高全面的艺术修养。

（2）第一单元　透视图画法

教学内容：一点透视、两点透视、三点透视、轴测图。

（3）第二单元　专业绘画

教学内容：结构素描、景观速写、归纳色彩写生。

教学要求：通过结构素描，景观速写，白描变形及色彩记忆，归纳风景装饰构图练习的方法，掌握表现图的绘画基础。

（4）第三单元　表现技法（1）

教学内容：讲授透视效果图的基础表现技法。包括形体塑造、空间表现、质感表现的程式化技法，绘制程序与工具应用的技巧。不同类型单件物品的绘制特点（使用水粉与透明水色进行教学）。

教学要求：要求学生通过临摹景观的实景摄影作品，绘制不同类型的单体景物，掌握最基本的表现图绘制技巧，从准确的透视，严谨的构图，整体统一的色彩关系入手。

（5）第四单元　表现技法（2）

教学内容：讲授透视效果图的多种表现技法，包括多种工具的使用，细腻精致的艺术表现技巧；快速简练的表现手法（使用包括马克笔、喷笔在内的多种类工具进行教学）。

教学要求：要求学生通过创作建筑、室内景观，环境绿化、照明等题材的表现图作品，掌握多种类的表现图绘制技巧。

3. 电子计算机辅助设计与绘图

（1）教学目的

在学生掌握了电子计算机基本知识，学会操作系统软件WINDOWS系统的使用，AUTOCAD系列软件主要绘图功能的基础上，通过介绍一个专业设计或绘图软件系统（如3DS、PHOTOSHOP）的使用方法，使学生能够举一反三地掌握其他陌生的软件。通过实际操作练习，使学生的计算机应用能力达到一定的水平。通过学习如何应用某一软件，来培养学生的设计思维能力。

（2）教学内容

复习WINDOWS操作系统的基本命令；复述AUTOCAD系列软件的详细绘图功能；重点讲授一个专业设计或绘图软件系统（根据当时的社会应用情况决定）；实际上机操作练习与规范。

（3）教学要求

学会使用计算机及其外部设备（打印机、扫描仪、绘图仪等）；完全掌握AUTOCAD系列软件的操作；学会一个新的专业设计或绘图软件系统；能够通过一个软件的学习举一反三，学会自学其他软件。

1.3.3 设计思维类课程

1. 建筑设计基础

（1）教学目的

掌握建筑的基本知识和理论，启发学生对专业学习的兴趣，并通过简单的设计与严格的基本训练，初步掌握建筑设计的方法。

（2）教学内容

建筑的概念；建筑技术与艺术；地区、自然条件和社会条件对建筑的制约；建筑的基本构成要素。

（3）教学要求

要求学生选择某种建筑小品进行课题设计；要求设计在调查研究的基础上有题目的功能分析，主要采取从平面开始，平、立、剖穿插配合的自内而外的设计方法。

要求学生掌握草图的画法，能够使用草图表达多种构思；培养分析比较确定最佳方案的能力。

2. 建筑设计

（1）教学目的

通过对建筑设计原理的深入讲授，使学生对建筑设计（主要是城市公共建筑与设施）的功能问题、室内外空间组织问题、艺术处理问题和技术经验等问题有更进一步的了解。并掌握基本的建筑设计方法。

（2）教学内容

建筑的功能：空间组合、功能分区、人流交通、室内外空间联系和相互延伸，室外空间的构成。建筑的结构技术，设备技术，饰面材料，经济问题。建筑艺术处理：室内空间造型及外部体型处理，建筑的风格体现与一般的建筑设计手法。建筑设计尺度：正常尺度与超常尺度，绝对尺度与相对尺度。

（3）教学要求

通过课程设计训练，提高在环境艺术设计方面的构思能力及整体意识，能够基本掌握复杂的室内外空间设计。要求学生掌握从草图构思、确定方案到正式出图的全套建筑设计表现方法。

3. 室内设计

（1）教学目的

通过对传统、现代风格的设计典型实例的介绍、观摩、分析，对艺术手段、材料、工艺、细部作法的讲解，培养学生具备对室内环境设计的综合判断、分析能力。

通过室内设计程序的指导，以及设计全过程的课堂练习，使学生掌握从方案设计到扩大初步设计一直到最后的设计表现全过程的能力。重点让学生能把握住室内空间环境整体设计能力及完成该整体设计的室内各要素设计。

（2）教学内容

讲授具有空间视觉形象主题的室内概念设计方法。重点从空间组合的设计手法入手，讲授空间形象与尺度系统的关系，空间构造与环境系统的关系。以启发学生空间构思的概念想象能力为主要内容。

讲授居住类空间室内设计的内容、特点及功能要求，按照生活行为模式界定空间功能分类的设计方法。个性空间风格体现的概念构思。

讲授工作类空间室内设计的内容、特点及功能要求，按照人的工作行为模式界定空间功能分类的设计方法。特定功能空间风格体现的概念构思。

讲授公共类空间室内设计的内容、特点及功能要求，按照人的社会行为模式界定空间功能分类的设计方法。共性空间中不同风格体现的概念构思。

（3）教学要求

通过设计作业练习，掌握室内空间造型，围护面装修设计，陈设艺术设计的基本方法。从物理心理环境因素出发，综合空间视觉形象审美，并通过各类表现技法的实际运用，使学生掌握室内设计要领，室内设计程序，逐步获得从室内空间整体出发的综合设计能力。

4．环境绿化设计

（1）教学目的

通过环境绿化设计课的教学，使学生在识别常用植物品种的基础上，进一步掌握植物培植的方法和绿化设计的基本原理，能够从事建筑与室内景观的环境绿化设计。

（2）教学内容

中外园林绿化概述；绿化在建筑与室内环境中的作用；植物培植及绿化工程；绿化材料及在制图中的表现方法；建筑与室内景观的环境绿化设计手法。

（3）教学要求

要求学生能够科学地选择合适的植物品种，合理地进行不同建筑与室内景观的环境绿化设计。

5．环境照明设计

（1）教学目的

通过环境照明设计课的教学，使学生掌握环境照明的基本原理及材料工艺，了解环境照明的有关数据，使学生具备初步的环境照明设计能力。

（2）教学内容

城市环境照明的历史；建筑与室内景观的环境照明类型；环境照明的方式与艺术手法；照明材料和工艺，光照的有关数据。

（3）教学要求

要求学生在掌握基本理论的基础上进行特定环境的照明设计，合理地进行不同建筑与室内景观的照明配置与灯具选型。

6．陈设艺术设计

（1）教学目的

通过对陈设艺术设计的讲授，使学生对陈设艺术的种类、特点、工艺及在环境中的空间组合应用、艺术处理等问题有进一步的理解。

（2）教学内容

陈设艺术设计的基本概念：固定装修界面的装饰陈设，活动器具的装饰陈设。陈设艺术设计的空间艺术处理：室内空间与陈设的关系，界面分隔组合的艺术处理法则。按陈设艺术品种区分的设计方法：装饰织物，各类艺术品。

（3）教学要求

要求学生通过课程设计训练，提高在陈设艺术设计方面的构想能力、系列配套能力，创造出不同风格及个性鲜明的陈设艺术设计方案。

"室内设计系统内容要素"教学要点

室内设计是在建筑构件限定的内部空间中，以满足人的物质与精神需求为目的，进行的环境设计。它是为人类建立生活环境的综合艺术，是建筑设计密不可分的组成部分，是一门涵盖面极广的专业。室内设计的以上特征决定了它的内容分类的复杂性。从建筑空间的概念出发，室内设计的内容应包含三大部分：

1. 空间环境设计；
2. 装修设计；
3. 装饰陈设设计。

空间环境设计包括两个方面，即：空间视觉形象设计和空间环境系统设计。装修设计是指采用不同材料，依照一定的比例尺度，对内部空间界面构件进行的封装设计。装饰陈设设计也包含两个方面的内容：对已装修的界面进行装饰设计和用活动物品进行的陈设设计。

基于室内设计内容分类的复杂性，本节的教学重点在于让学生掌握和了解室内设计的不同专业内容与分类，以及不同空间形式和使用功能的区分。在教学方法上除了课堂必须的理论讲授外，应安排一定量的空间实体设计课题，这类课题的空间形式不要过于复杂，一般以单一功能的单体空间为主。通过教学使学生明确室内设计的内容分类，以及各种内容分类的设计特点。

思 考 题

1. 室内空间平面使用功能划分的基本特征是什么？
2. 在室内设计中按照空间使用类型区分的内容是什么？
3. 静态封闭、动态开敞、虚拟流动空间之间的区别是什么？
4. 哪些因素直接影响空间形象的塑造？
5. 室内空间的构造体系由哪几类系统组成？

教 学 札 记

作 业 内 容

1. 限定面积体积的非功能空间概念设计(分别采用静态封闭、动态开敞、虚拟流动三种形式)。
2. 单一功能的单体空间设计。
3. 有环境系统设备制约的空间设计(选定1~3类设备:如空调、电器等)。

教 学 札 记

第 2 章 室内设计方法

2.1 室内设计的思维方法特征

设计的过程与结果都是通过人脑思维来实现的。思维的模式与人脑的生理构成有着直接的联系。根据最新的科学研究成果，人大脑的左右两半球分管的思维类型是完全不同的。左半球主管抽象思维，具有语言、分析、计算等能力。右半球主管形象思维，具有直觉、情感、音乐、图像等鉴别能力。人的思维过程一般地说是抽象思维和形象思维有机结合的过程。在人的儿童期开始进行的各种启蒙教育都是为了使大脑得到全面的锻炼而设置的。就高等教育而言虽然需要全面的思维教学模式，但从我国目前的教学体系来看，理工技术类学科一般偏重于抽象的思维，文学艺术类学科一般偏重于形象思维，从而形成各学科研究思维方法不尽相同和不够系统全面的国情特点。就设计思维而言，由于本身跨越学科的边缘性，使单一的思维模式不能满足复杂的功能与审美需求。而室内设计在所有的设计门类中又是综合性最强的一类，因此它的思维模式显然具有自身鲜明的特征。正是这种思维特征构成了室内设计程序的特有模式。受我国传统的教育理论和教学实践长期忽视右脑潜能开发的影响，以及学术界对形象思维的研究远远落后于抽象思维的现状，在进入室内设计专业学习之前的学生，普遍存在形象思维能力较弱的情况，不能掌握以形象思维为主导模式的设计方法，因此，在进行设计程序的教学之前，系统地分析构成室内设计思维方法的特征是十分必要的。

线性发展的抽象理性逻辑思维与多元交融的感性形象思维　设计思维的发展犹如大树的分枝，每个枝干都能结出果实

2.1.1 综合多元的思维渠道

抽象思维着重表现在理性的逻辑推理，因此也可称为理性思维；形象思维着重表现在感性的形象推敲，因此也可称为感性思维。

理性思维是一种线形空间模型的思路推导过程，一个概念通过立论可以成立，经过收集不同信息反馈于该点，通过客观的外部研究过程得出阶段性结论，然后进入下一点，如此循序渐进直至最后的结果。

感性思维则是一种树形空间模型的形象类比过程，一个题目产生若干概念（三个以上甚至更多），三种概念可能是完全不同的形态，每一种都有发展的希望，在其中选取符合需要的一种再发展出三个以上新的概念，如此举一反三的逐渐深化，直至最后产生满意的结果。

从以上分析，我们不难看出理性思维与感性思维的区别，理性思维从点到点的空间模型，方向性极为明确，目标也十分明显，由此得出的结论往往具有真理性。使用理性思维进行的科学研究项目最后的正确答案只能是一个。而感性思维从一点到多点的空间模型，方向性极不明确，目标也就具有多样性，而且每一个目标都有成立的可能。结果十分含混，因此使用感性思维进行的艺术创作，其优秀的标准是多元化的。

室内设计属于艺术设计的范畴，同时又是一门边缘学科，就空间艺术本身而言，感性的形象思维占据了主导地位。但是在相关的功能技术性门类，则需要逻辑性强的理性抽象思维。因此，进行一项室内设计，丰富的形象思维和缜密的抽象思维必须兼而有之、相互融合。

可见使用综合多元的思维渠道是室内设计思维方法的主要特征。由于室内设计的受制因素较多，因此在设计的思维过程

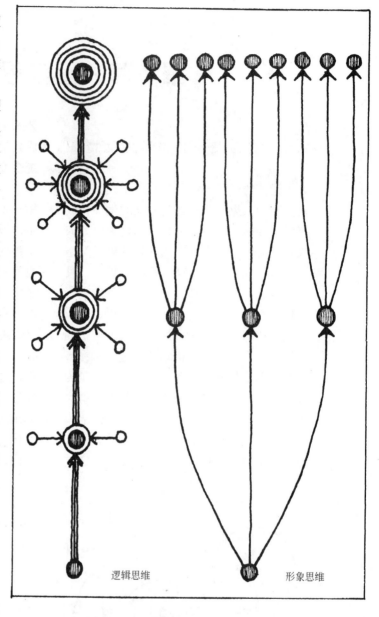

两种不同的思维模式

中，不能死钻牛角尖，一条路走不通，就换一条试试。在实际生活中十全十美的设计是很难办到的，任何一个方案都可能有这样或那样的缺点。所以设计者要善于解决主要矛盾，在不影响主要使用功能和艺术效果的情况下适可而止。在很多情况下，单元线性思维很难应付纷繁的设计问题，只有多元思维方式才能产生可供选择的方案。"山重水复疑无路，柳暗花明又一村"。换个角度想问题，往往会取得意想不到的收获。

2.1.2 图形分析的思维方式

感性的形象思维更多地依赖于人脑对于可视形象或图形的空间想象，这种对形象敏锐的观察和感受能力，是进行设计必须具备的基本素质。这种素质的培养主要依靠设计者本身建立科学的图形分析思维方式。所谓图形分析思维方式，主要是指借助于各种工具绘制不同类型的形象图形，并对其进行设计分析的思维过程。就室内设计的整个过程来讲，几乎每一个阶段都离不开绘图。概念设计阶段的构思草图：包括空间形象的透视与立面图、功能分析的坐标线框图；方案设计阶段的图纸：包括室内平面与立面图、空间透视与轴测图；施工图设计阶段的图纸：包括装修的剖立面图、表现构造的节点详图等等。可见离开图纸进行设计思维几乎是不可能的。

养成图形分析的思维方式，无论在设计的什么阶段，设计者都要习惯于用笔将自己一闪即逝的想法落实于纸面。而在不断的图形绘制过程中，又会触发新的灵感。这是一种大脑思维形象化的外在延伸，完全是一种个人的辅助思维形式，优秀的设计往往就诞生在这种看似纷乱的草图当中。不少初学者喜欢用口头的方式表达自己的设计意图，这样是很难被人理解的。在室内设计领域，图形是专业沟通的最佳语汇，因此掌握图形分析思维方式就显得格外重要。

在设计中图形分析思维方式主要通过三种绘图类型来实现：第一类为空间实体可视形象图形，表现为速写式空间透视草图或空间界面样式草图。第二类为抽象几何线平面图形，在室内设计系统中主要表现为关联矩阵坐标、树形系统、圆方图形三种形式。第三类为基于画法几何的严谨图形，表现为正投影制图、三维空间透视等。

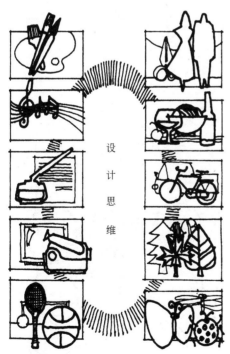

通过手、眼、脑配合完成的图形分析思维方式

生活中的一切事物都可触发设计的灵感

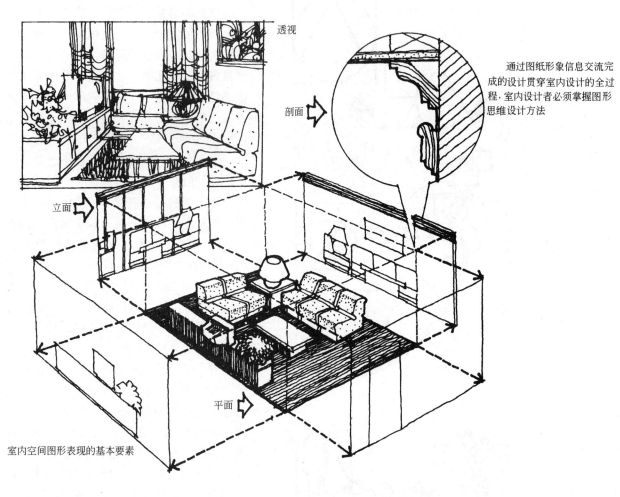

透视

剖面

立面

平面

通过图纸形象信息交流完成的设计贯穿室内设计的全过程，室内设计者必须掌握图形思维设计方法

室内空间图形表现的基本要素

所需功能空间罗列

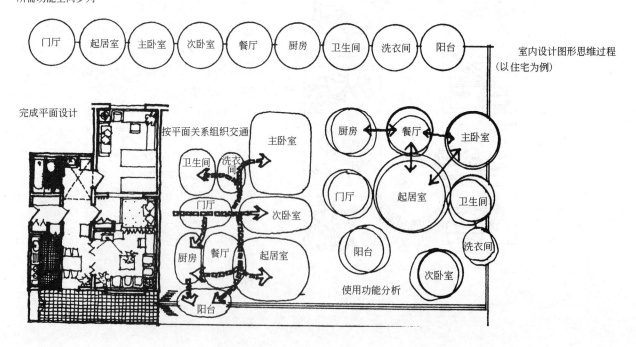

门厅　起居室　主卧室　次卧室　餐厅　厨房　卫生间　洗衣间　阳台

室内设计图形思维过程（以住宅为例）

完成平面设计

按平面关系组织交通

主卧室　卫生间　洗衣间　门厅　次卧室　厨房　餐厅　起居室　阳台

厨房　餐厅　主卧室　门厅　起居室　卫生间　阳台　洗衣间　次卧室

使用功能分析

运用空间实体可视形象图形进行的设计思维

空间实体可视形象图形有三种表达方式供设计者选择：透视图、平面图、剖面图

透视图　透视是空间实体可视形象图形中最符合人眼看到的实际视觉感受图形。透视可表现出较为完整的视觉空间形象、可表现光照的基本形态、可表现一般的界面质感。在室内设计的空间实体可视形象图形中，往往成为设计者的首选

平面图　平面是空间实体可视形象图形中科学地反映空间序列、建筑构造、应用模式、功能分区以及比例尺度的图形。是室内设计者进行图形思维最基本的表达方式

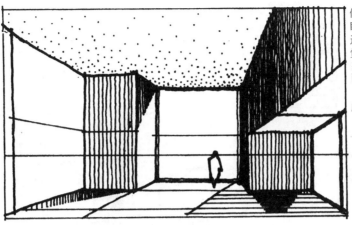

平面设计的意图与拟采用的措施：实体与虚空的平面划分，室外景观的视线方向

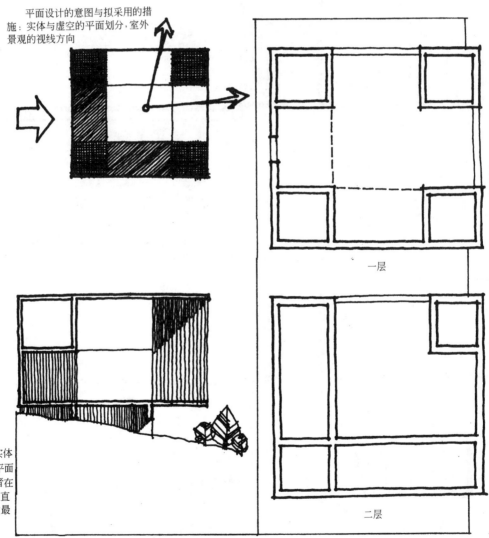

一层

二层

剖面图　剖面在空间实体可视形象图形中起到配合平面图的作用，能够帮助设计者在景观视线、光照角度、垂直构造以及尺度比例方面做最后的决定

65

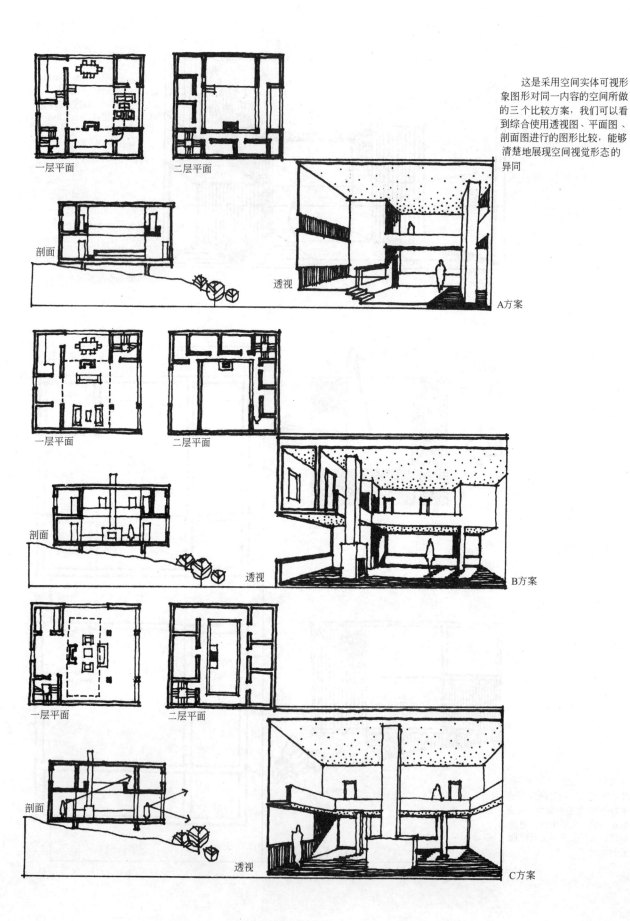

这是采用空间实体可视形象图形对同一内容的空间所做的三个比较方案,我们可以看到综合使用透视图、平面图、剖面图进行的图形比较,能够清楚地展现空间视觉形态的异同

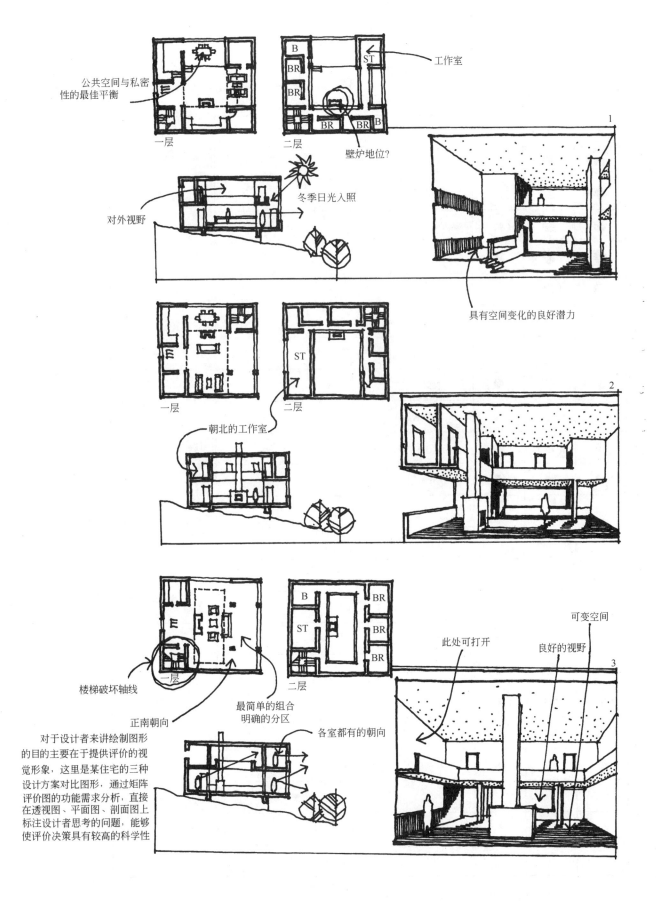

对于设计者来讲绘制图形的目的主要在于提供评价的视觉形象，这里是某住宅的三种设计方案对比图形，通过矩阵评价图的功能需求分析，直接在透视图、平面图、剖面图上标注设计者思考的问题，能够使评价决策具有较高的科学性

矩 阵 评 价 图

方案1	方案2	方案3	◉ 优秀	● 一般	□	
◉	●	◉	公共空间			
◉	●		私密性			
◉	●	◉	朝向			
●	●	◉	交通			需要
●	●	●	节能			
●	◉		功能的适应			
◉	◉	◉	视野			
			基地通道			
◉	◉	◉	房屋私密性			脉络
◉	●	●	朝向			
●		◉	等级			
●	●	◉	统一简洁			
◉	●	◉	尺度			形式
●	●	◉	形象			
●	●	●	功能的表达			

对于室内设计来讲，图形思维是一个由大到小、由整到分、由粗到细的过程，在完成了空间整体功能与形象的图形评价比较之后，接着进行空间界面、构造细部、材料做法的粗细推敲。同样要做多方案的比较，以期得到最佳的效果。这里列举的只是上页住宅方案中的一些局部处理的设计思考，在实际的设计中，类似的图形思考越多，设计的成功率就越高

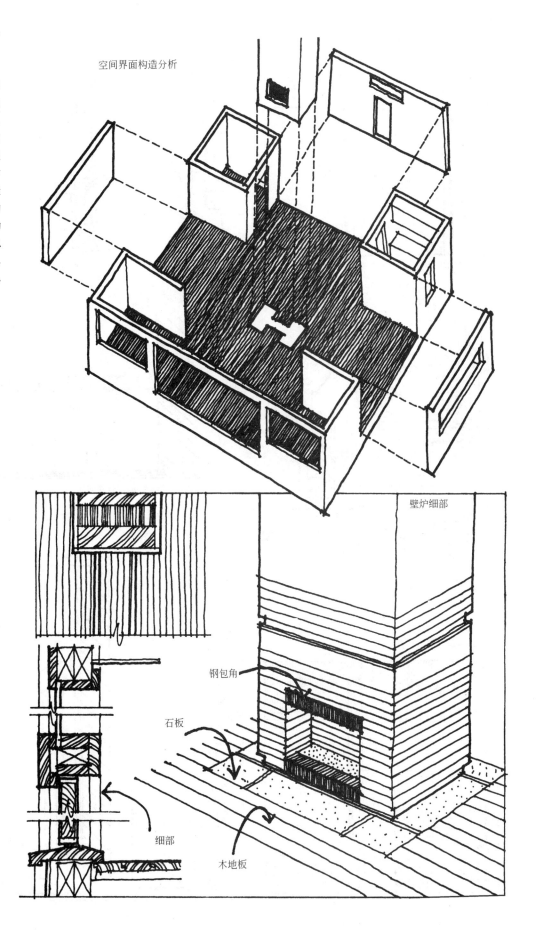

空间界面构造分析

壁炉细部

钢包角

石板

细部

木地板

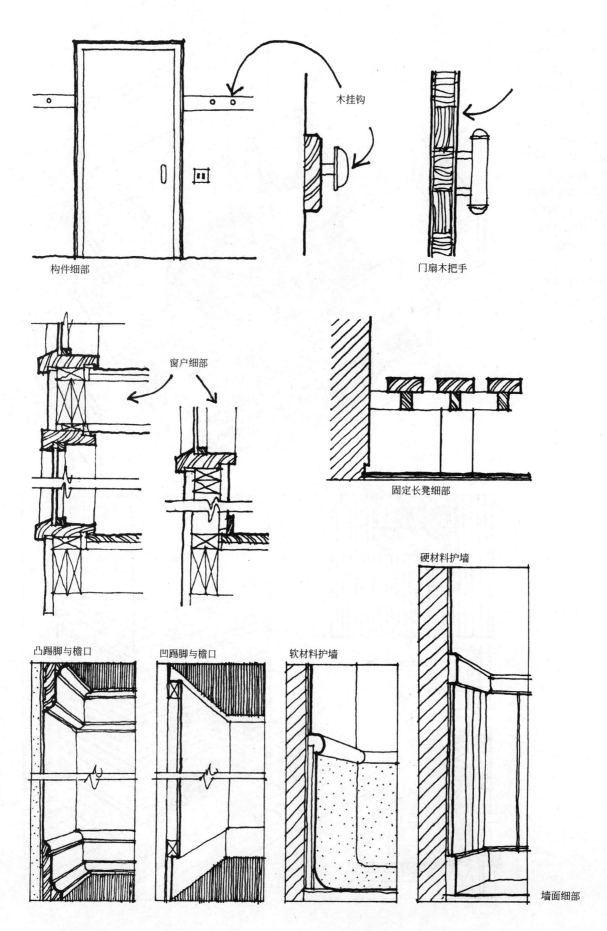

2.1.3 对比优选的思维过程

选择是对纷繁客观事物的提炼优化，合理的选择是任何科学决策的基础。选择的失误往往导致失败的结果。人脑最基本的活动体现于选择的思维，这种选择的思维活动渗透于人类生活的各个层面。人的生理行为，行走坐卧、穿衣吃饭无不体现于大脑受外界信号刺激形成的选择。人的社会行为，学习劳作经商科研无不经历各种选择的考验。选择是通过不同客观事物优劣的对比来实现。这种对比优选的思维过程，成为人判断客观事物的基本思维模式。这种思维模式依据判断对象的不同，呈现出不同的思维参照系。

就室内设计而言选择的思维过程体现于多元图形的对比、优选，可以说对比优选的思维过程是建立在综合多元的思维渠道以及图形分析的思维方式之上。没有前者作为对比的基础，后者选择的结果也不可能达到最优。一般的选择思维过程是综合各类客观信息后的主观决定，通常是一个经验的逻辑推理过程，形象在这种逻辑的推理过程中虽然有一定的辅助决策作用，但远不如在室内设计对比优选的思维过程中那样重要。可以说对比优选的思维决策，在艺术设计的领域主要依靠可视形象的作用。

在概念设计的阶段，通过对多个具象图形空间形象的对比优选来决定设计发展的方向。通过抽象几何线平面图形的对比，优选决定设计的使用功能。在方案设计阶段，通过对正投影制图绘制不同平面图的对比优选决定最佳的功能分区。通过对不同界面围合的室内空间透视构图的对比优选决定最终的空间形象。在施工图设计阶段，通过对不同材料构造的对比优选决定合适的搭配比例与结构，通过对不同比例节点详图的对比优选决定适宜的材料截面尺度。

对比优选的思维过程依赖于图形绘制信息的反馈，一个概念或是一个方案的诞生，必须靠多种形象的对比。因此作为设计者在构思阶段不要在一张纸上用橡皮反复涂改，而要学会使用半透明的拷贝纸，不停地拷贝修改自己的想法，每一个想法都要切实地落实于纸面，不要随意扔掉任何一张看似纷乱的草图。积累、对比、优选，好的方案就可能产生。

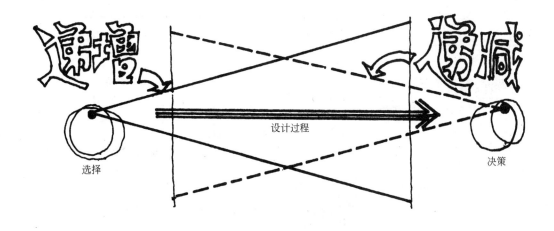

家具摆放的对比优选

对比优选在设计的每一个环节都起着至关重要的作用

根据功能需求与空间视觉感受决定最后的布局形式

布局的概念　　三种不同的平面布局对比

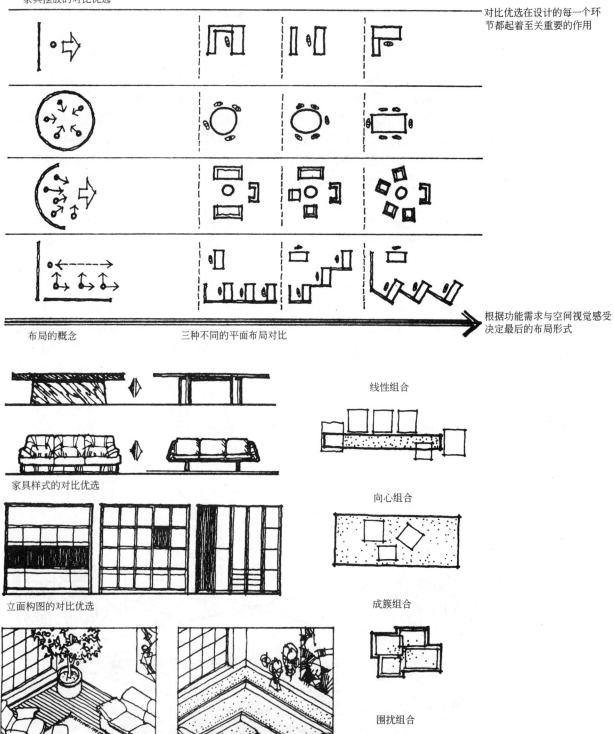

家具样式的对比优选

立面构图的对比优选

单体家具组合　　空间合为一体的家具组合

线性组合

向心组合

成簇组合

围扰组合

空间组合关系的对比优选

设计中对比优选的思维过程  在对比优选的过程中,将两种方案的优点综合成一个新的方案,是经常采用的方法,综合往往能产生新的形式,但也容易失去个性

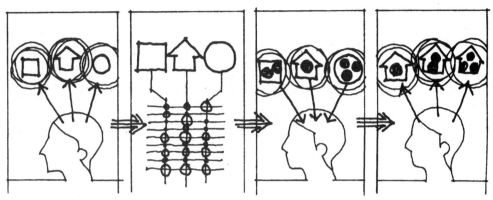

一个设计项目,构思出不同概念的形象方案

经过功能分析,对方案进行评价和比较

每一个方案都会有自身的优缺点,取舍决择

精心推敲后作出的决定,又产生新的问题,从而开始下一轮构思循环

敦煌宾馆贵宾楼大堂室内设计最后的实施就是在这两个方案综合的基础上产生的

一号方案草图

二号方案草图

73

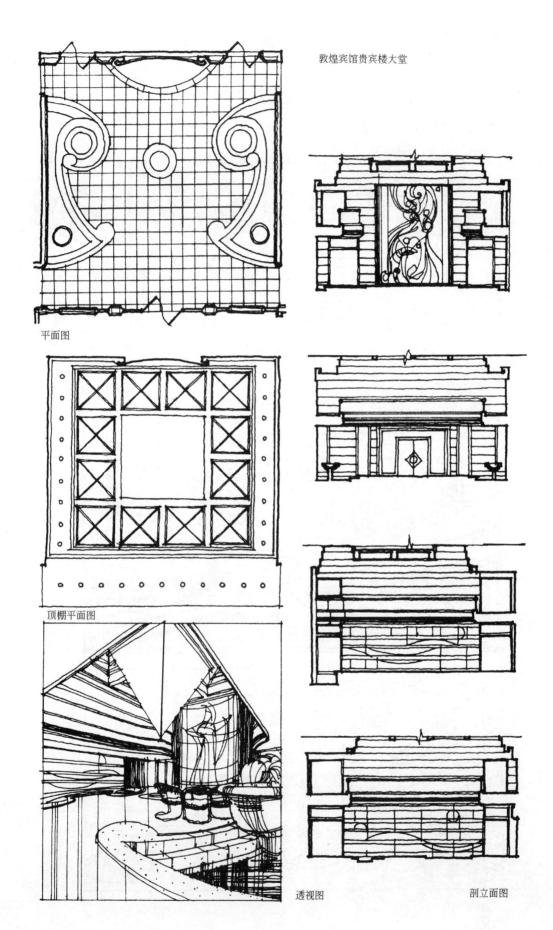

敦煌宾馆贵宾楼大堂

平面图　　顶棚平面图　　透视图　　剖立面图

"室内设计思维方法特征"教学要点

科学的思维方法是保证设计发展的基础。室内设计的思维方法特征表现为理性逻辑思维和感性形象思维的结合。室内设计的最终结果是通过综合多元的思维渠道来实现的。在这个设计的思维过程中,图形分析的思维方式与对比优选的思维过程是关键的两个环节。因此本节的教学重点主要在于使学生了解室内设计思维的基本特征,在教学方法上通过讲授辅导、作业练习、作业分析等手段,使学生逐步建立起进行室内设计的科学思维方式。

思 考 题

1. 室内设计的设计思维方法包括哪些内容?
2. 什么是图形分析的思维方式?
3. 在设计过程中对比优选的思维依靠什么来实现?

教 学 札 记

作 业 内 容

1. 同一课题设计图形的分阶段评价(课堂讨论或文字评论报告)。
2. 室内空间概念设计的图形表现练习。

教 学 札 记

2.2 室内设计的图形思维方法

任何一门专业都有着自己科学的工作方法，室内设计的图形思维也不例外。设计在很大程度上依赖于表现，表现在很大程度上又依赖于图形，因此要掌握室内设计的图形思维方法，关键是学会各种不同类型的绘图方法，绘图的水平因人受教育经历的不同，可能会呈现很大的差别，但就图形思维而言，绘图水平的高低并不是主要问题，主要问题在于自己必须动手画，要获得图形思维的方法和表现视觉感受的技法，必须能够熟练地徒手画。要明白画出的图更多是给自己看的，它只不过是帮助你思维的工具，只有自己动手才能体会到其中的奥妙，从而不断深化自己的设计。即使在电子计算机绘图高度发展的今天，这种能够迅速直接反映自己思维成果的徒手画依然不会被轻易地替代。当然如果你能够把自己的思维模式转换成熟练的人机对话模式，那么使用计算机进行图形思维也是一条可行的路。

使用不同的笔在不同的纸面进行徒手画，是学习设计进行图形思维的基本功。在设计的最初阶段包括概念与方案，最好使用粗软的铅笔或 0.5mm 以上的各类墨水笔在半透明的拷贝纸上作图，这样的图线醒目直观，也使绘图者不过早拘泥于细部，十分有利于图形思维的进行。

徒手画的图形应该是包括了设计表现的各种类型：具象的建筑室内速写、空间形态的概念图解、功能分析的图表、抽象的几何线形图标、室内空间的平面图、立面图、剖面图、空间发展意向的透视图等等。总之，室内设计的图形思维方法建立在徒手画的基础之上。

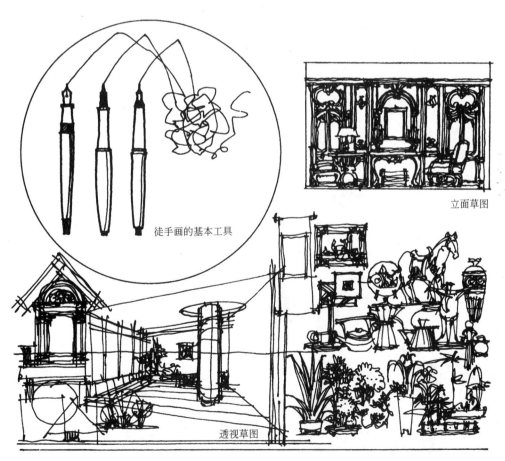

徒手画是进行图形思维的基础条件

徒手画的基本工具

立面草图

透视草图

2.2.1 从视觉思考到图解思考

室内设计图形思维的方法实际上是一个从视觉思考到图解思考的过程。空间视觉的艺术形象设计从来就是室内设计的重要内容，而视觉思考又是艺术形象构思的主要方面。视觉思考研究的主要内容出自心理学领域对创造性的研究。这是一种通过消除思考与感受行为之间的人为隔阂的方法，人对事物认识的思考过程包括信息的接受、贮存和处理程序，这是个感受知觉、记忆、思考、学习的过程。认识感觉的方法即是意识和感觉的统一，创造力的产生实际上正是意识和感觉相互作用的结果。

根据以上理论，视觉思考是一种应用视觉产物的思考方法，这种思考方法在于：观看、想象和作画。在设计的范畴，视觉的第三产品是图画或者速写草图。当思考以速写想象的形式外化为图形时，视觉思维就转化为图形思维，视觉的感受转换为图形的感受，作为一种视觉感知的图形解释而成为图解思考。

图解思考的本身就是一种交流的过程。这种图解思考的过程可以看作自我交谈，在交谈中作者与设计草图相互交流。交流过程涉及纸面的速写形象、眼、脑和手，这是一个图解思考的循环过程，通过眼、脑、手和速写四个环节的相互配合，在从纸面到眼睛再到大脑，然后返回纸面的信息循环中，通过对交流环的信息进行添加、删减、变化，从而选择理想的构思。在这种图解思考中，信息通过循环的次数越多，变化的机遇也就越多，提供选择的可能性越丰富，最后的构思自然也就越完美。

从以上分析我们可以看出图解思考在室内设计中的六项主要作用：

表现—发现

抽象—验证

运用—激励

这是相互作用的三对六项。视觉的感知通过手落实在纸面称为表现，表现在纸面的图形通过大脑的分析有了新的发现。表现与发现的循环得以使设计者抽象出需要的图形概念，这种概念再拿到方案设计中验证。抽象与验证的结果在实践中运用，成功运用的范例反过来激励设计者的创造情感，从而开始下一轮的创作过程。

室内设计平面功能的图解思考过程

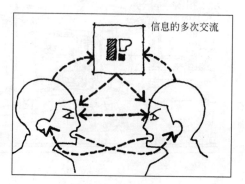

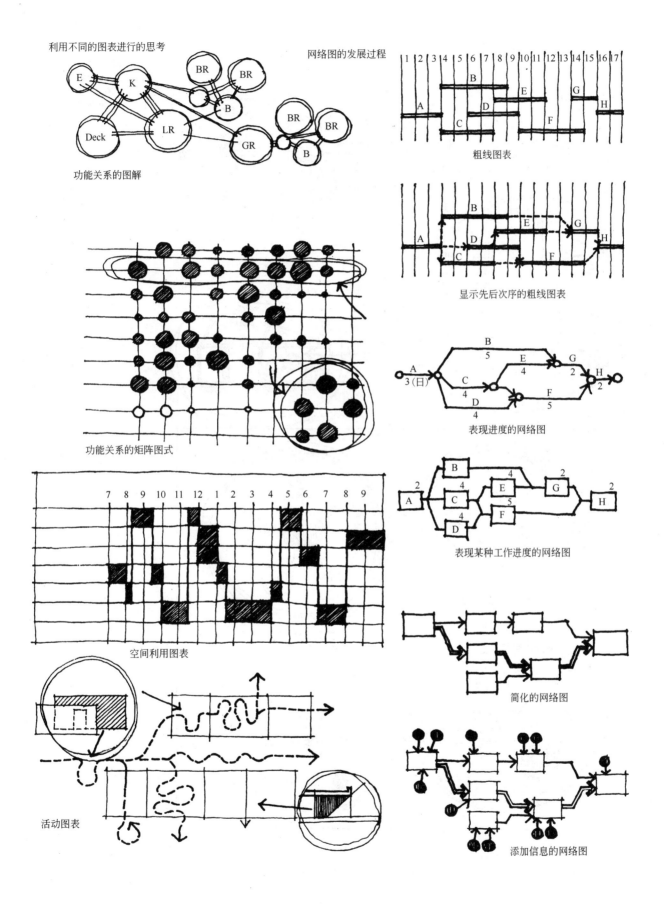

利用不同的图表进行的思考

功能关系的图解

功能关系的矩阵图式

空间利用图表

活动图表

网络图的发展过程

粗线图表

显示先后次序的粗线图表

表现进度的网络图

表现某种工作进度的网络图

简化的网络图

添加信息的网络图

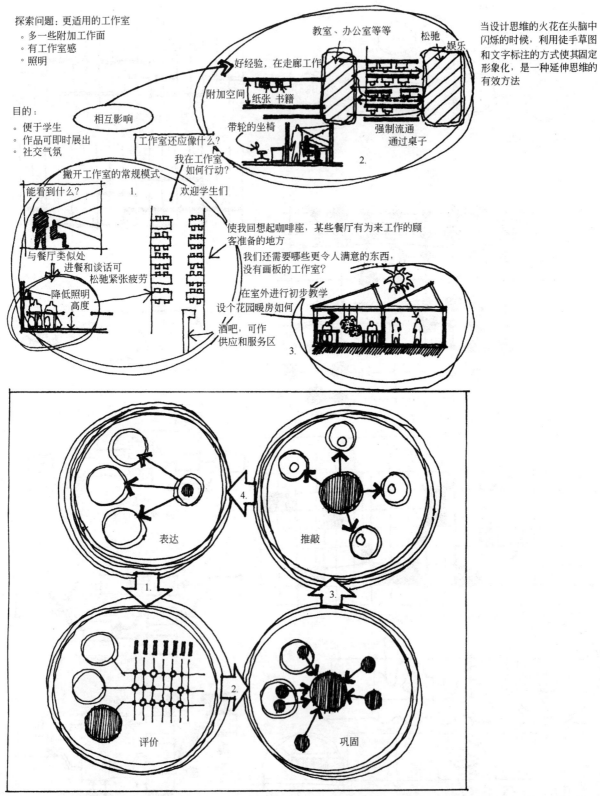

图解思考在室内设计中的典型循环过程

2.2.2 基本的图解语言

根据室内设计专业的特点,室内设计的图形思维以及它的图解思考方法,有着自己特定的基本图解语言。这是一种为设计者个人所用的抽象图解符号,这种图解符号主要用于设计的初期阶段。它与设计最后阶段的类似画法几何的严格图解语言尚有一定的区别。一般的图解语言并没有严格的绘图样式,每一个设计者都可能有着自己习惯运用的图解符号,当不少约定俗成的符号成为那种能够正确记录任何程度的抽象信息的语言,这种符号就成为设计者之间相互交流和合作的图解语言。

符号是一种可表达较广泛意义的图解语言,如同文字语言一样,图解语言也有着自己的语法规律。文字语言在很大程度上受词汇的约束,而图解语言则包括图像、标记、数字和词汇。一般情况下文字语言是连续的,而图解语言是同时的,所有的符号与其相互关系被同时加以考虑。因此图解语言具有描述兼有同时性和错综复杂关系问题的独特效能。

图解语言的语法规律与它要表达的专业内容有着直接的关系。就室内设计的图解语言来讲,它的语法是由图解词汇"本体"、"相互关系"、"修饰"组成。本体的符号多以单体的几何图形表示,如方、圆、三角等;在设计中本体一般为室内功能空间的标识,如餐厅、舞厅、办公室等。相互关系的符号以多种类型的线条或箭头表示,在设计中一般为室内功能空间双向关系的标识。修饰的符号多为本体符号的强调,如重复线形、填充几何图形等,在设计中一般为区分空间个性或同类显示的标识。

由图解词汇组成的图解语法,在室内空间的设计构思中基本表现为四种形式:位置法、相邻法、同类法、综合法。位置法以本体的位置作为句型,本体之间的关系采用暗示网格表示,具有较强的坐标程序感。在设计构思中常以此法推敲单体功能空间在整体空间中的合理位置程序。相邻法以本体之间的距离作为句型,本体之间关系的主次和疏密以彼此间的距离表示。距离的增大暗示不存在关系。在设计构思中常以此法推敲单体功能空间在整体空间中相互位置的交通距离。同类法以本体的组群作为句型,本体以色彩或者形体之类的共同特征进行分组,在设计构思中常以此法推敲空间使用功能或环境系统的类型分配。综合法是以上三种图解语法组合形成的变体。

当然以上的图解语法只是在室内设计的概念或方案设计初期经常运用的一般语法。设计者完全可以根据自己的习惯创造新的语法,在图形思维中并没有严格的图解限定,只要能够启发和表现设计的意图,采用任何图解思考的方式都是可以的。

图解句子

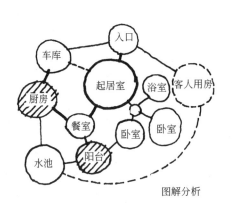

图解分析

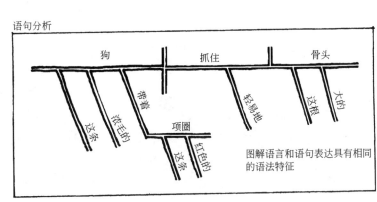

图解语言和语句表达具有相同的语法特征

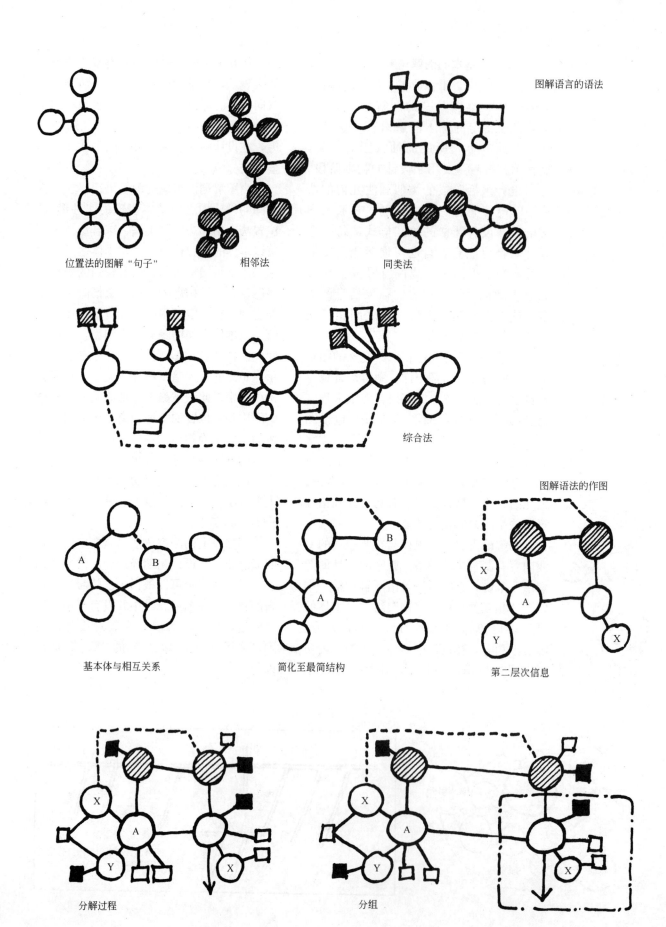

图解语法的词汇

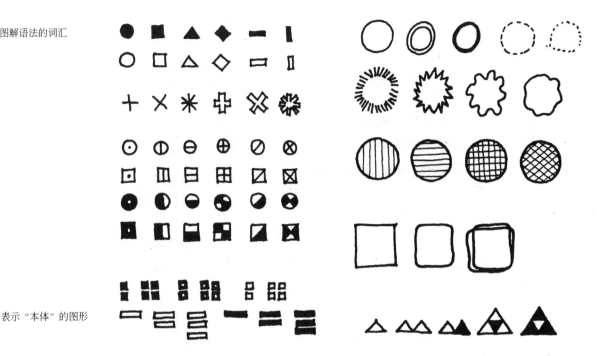

表示"本体"的图形

表示"相互关系"的图形

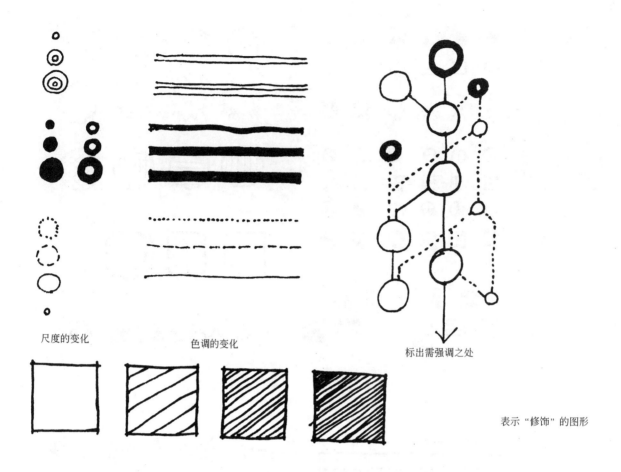

尺度的变化　　　色调的变化　　　标出需强调之处

表示"修饰"的图形

建筑以及相关专业使用的一些图解语言图形

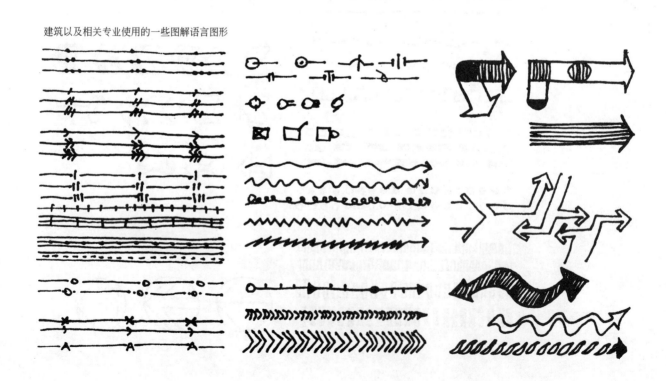

摘自不同制图标志的
图解语言图形

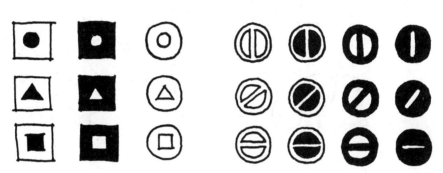

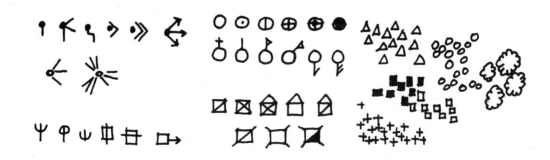

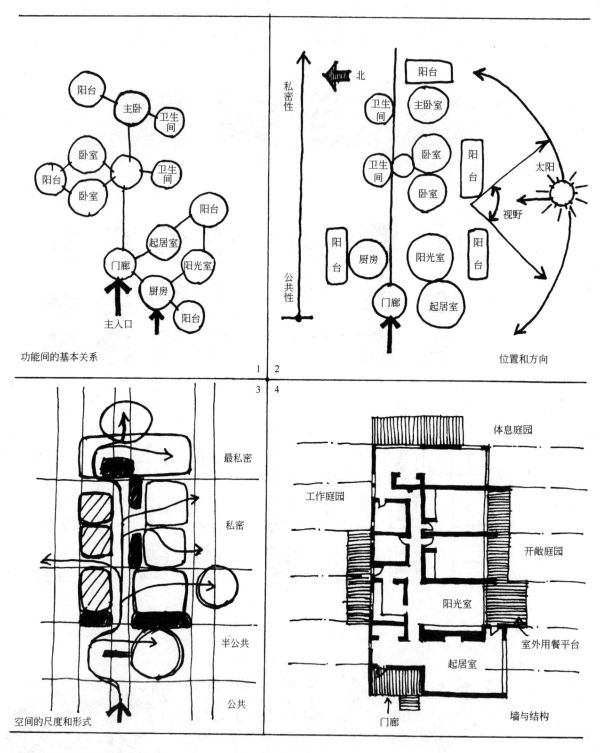

功能间的基本关系

位置和方向

空间的尺度和形式

墙与结构

从构思到方案设计的图解语言应用

2.2.3 图解语言的运用

在掌握了基本的图解语言之后，将其合理自然地运用于自己的设计过程，是每一个设计者走向理性与科学设计的必由之路，可以说成功的设计者无不是图解语言的熟练运用者。

在室内设计领域经常使用以下三种由图解语言构成的图形思维分析方法：

关联矩阵坐标法
树形系统图形法
圆方图形分析法

关联矩阵坐标法是以二维的数学空间坐标模型作为图形分析基础的。这种坐标法以数学空间模型 y 纵向轴线与 x 横向轴线的运动交点形式作为图形的基本样式，成为表现时间与空间或空间与空间相互作用关系结果的最佳图形模式。这种图形分析的方法广泛应用于：空间类型分类、空间使用功能配置、设计程序控制、工程进度控制、设备物品配置等众多方面。

树形系统图形法是以二维空间中点的单向运动与分立作为图形表现特征的。这是一种类似于细胞分裂或原子裂变运动样式的树形结构空间模型。成为表现系统与子系统相互关系的最佳图形模式。这种图形分析的方法主要应用于：设计系统分类、空间系统分类、概念方案发展等方面。

圆方图形分析法是以几何图形从圆到方的变化过程对比作为图解思考方法的。这是一种室内平面设计的专用图形分析法，在这里本体以"圆圈"的符号罗列出功能空间的位置；无方位的"圆圈"关系组合显示出相邻的功能关系；在建筑空间和外部环境信息的控制下"圆圈"表现出明确的功能分区；"圆圈"向矩形"方框"的过渡中确立了最后的平面形式与空间尺度。

在设计的不同阶段采用不同的图解语言

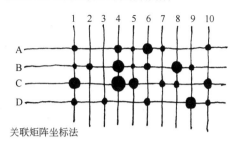

关联矩阵坐标法

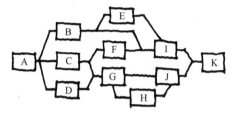

树形系统图形法

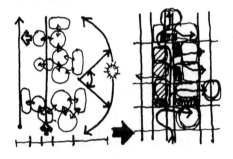

圆方图形分析法

在本节我们将以下页所列房间，作为讲解室内设计图解语言运用的基准平面，这个房间将被用作某大学下属小型学院的外事办公中心，要求具备一般的外事办公功能，包括外籍教师的接待、居住、授课、会议，留学生的管理、咨询以及学院常委外事的一般办公事务处理。由于房间面积的限定，必须精心安排才能满足各种需求。通过运用图解语言的设计方法，各种矛盾得到解决，最后完成的空间平面布局方案显然是相对合理的

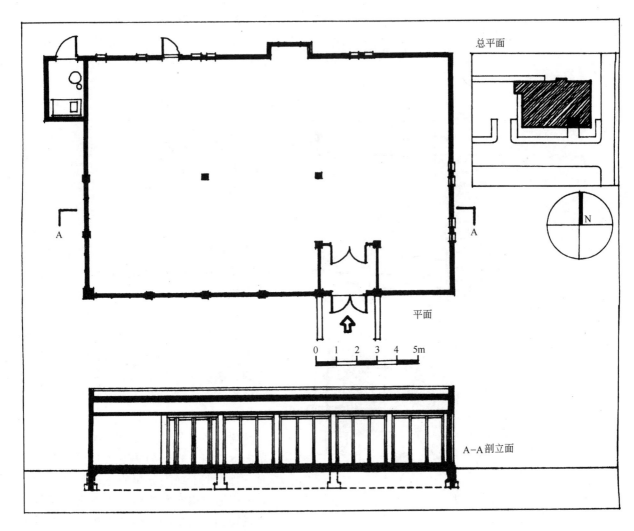

进行室内设计的建筑基础资料　房间使用功能的标准分析表

某大学外事办公中心 房间使用功能 标准分析表	面积需求（m²）	邻接房间需求	公共使用程度	采光景观需求	私密性程度	给排水系统需求	专业设备需求	特殊因素考虑
① 接待室								
② 访谈室（4）								
③ 领导室								
④ 职员室								
⑤ 多功能教室								
⑥ 卫生间（2）								
⑦ 文印间								
⑧ 茶水台								
⑨ 客房单元								

本平面是位于某大学校园教学区一角的一栋独立平房，建筑设计标准较高，钢筋混凝土柱梁框架构造，柱间距6m。西南墙面有较大面积的铝合金采光窗，西北角设有专用小型供热锅炉与空调机组设备间，所有设备管道安置于顶部，房间吊顶最大高度为2.80m。入口设置双层门斗。房间内隔墙拟采用轻钢龙骨石膏板，吊顶拟采用吸声矿棉板。我们下面将要分析的这个外事办公中心就是在这样一个建筑中进行室内设计的

H 高等程度
M 中等程度
L 低等程度
Y 需要
N 不需要
I 重要
⊕ 邻接的
✳ 靠近的
✕ 便利的
● 不重要的
— 远离的
Ⓧ 邻接房间
Ⓧ 重点邻接房间

某大学外事办公中心房间使用功能标准分析表	面积需求（m²）	邻接房间需求	公共使用程度	采光景观需求	私密性程度	给排水系统需求	专业设备需求	特殊因素考虑
①接待室	23	②⑤	H	Y	N	N	N	交通 活动中枢 需邻接主入口
②访谈室(4)	20	①④	M	I	L	N	N	需安排四组 相对分隔的空间
③领导室	13	④	M	Y	H	N	N	高档次接近后门， 有单独的出口
④职员室	17	③	M	Y	M	N	N	
⑤多功能教室	28	①⑥⑦	H	I	H	N	Y	电化教育设备 与主入口的隔绝
⑥卫生间(2)	18	中间↓	M	N	H	Y	N	
⑦文印间	11	②④ 中间	L	N	M	Y	Y	
⑧茶水台	5	中间	H	Y	N	Y	Y	便利于各房间使用
⑨客房单元	32	单独	L	Y	H	Y	N	住宅的特性

运用关联矩阵坐标准分析表进行房间使用功能的分析能够科学地反映室内平面功能分区的可行性

某大学外事办公中心房间使用功能标准分析表	面积需求（m²）	邻接房间需求	公共使用程度	采光景观需求	私密性程度	给排水系统需求	专业设备需求	特殊因素考虑
①接待室	23	② ⑤	H	Y	N	N	N	交通 活动中枢 需邻接主入口
②访谈室(4)	20	① ④	M	I	L	N	N	需安排四组相对分隔的空间
③领导室	13	④	M	Y	H	N	N	高档次接近后门，有单独的出口
④职员室	17	③	M	Y	M	N	N	
⑤多功能教室	28	① ⑥ ⑦	H	I	H	N	Y	电化教育设备 与主入口的隔绝
⑥卫生间(2)	18	中间	M	N	H	Y	N	
⑦文印间	11	② ④ 中间	L	N	M	Y	Y	
⑧茶水台	5	中间	H	Y	N	Y	Y	便利于各房间使用
⑨客房单元	32	单独	L	Y	H	Y	N	住宅的特性

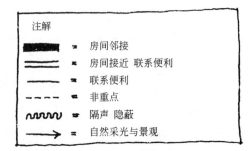

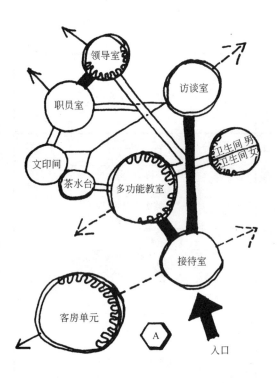

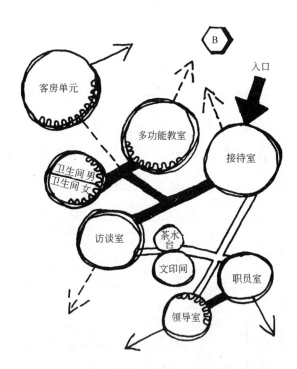

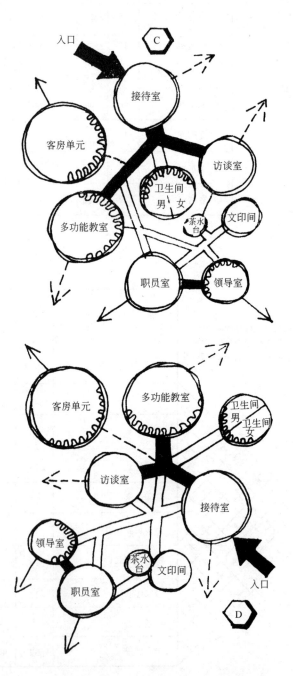

将关联矩阵坐标标准分析表列出的功能分区可行性转换为具有本体位置、相互关系的抽象图形表现形式，具有直观的方向位置感和交通连接的远近感，是进入正式室内平面设计前的重要图形思维绘图方式。由于抽象的图形没有具体的空间束缚，可以自由地推敲最理想的功能分区形式

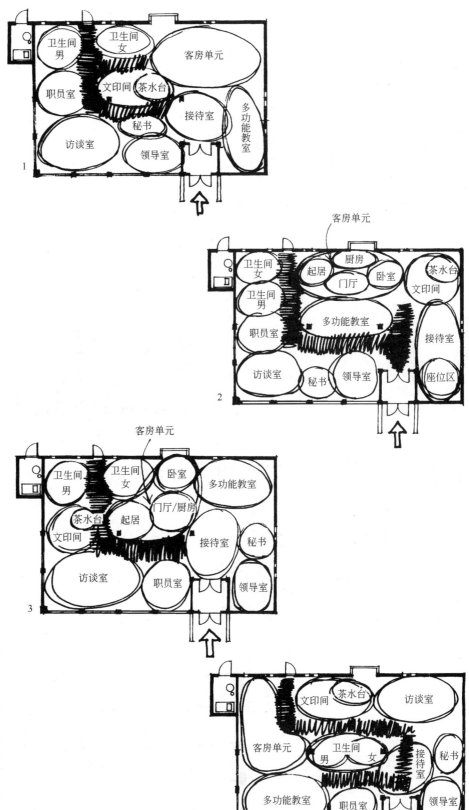

这里的16个平面图形展示了运用圆方图形分析法完成的"外事办公中心"平面初步方案

没有具体空间束缚的抽象图形分析虽然能够得出理想的功能分区形式，但这种形式必须进入特定的空间平面进行验证。验证的方法就是圆方图形分析法

徒手绘制的随意性圆圈没有严整的边界，方向性也不强在具体的限定性平面中能够相对随意地设置，从而能够使设计者在最初阶段不拘泥于小节，在整体上把握动态交通空间和静态功能空间的关系，设定合理的空间位置，分析得失利弊，图1～图4正是这样一种图形思维的分析方式

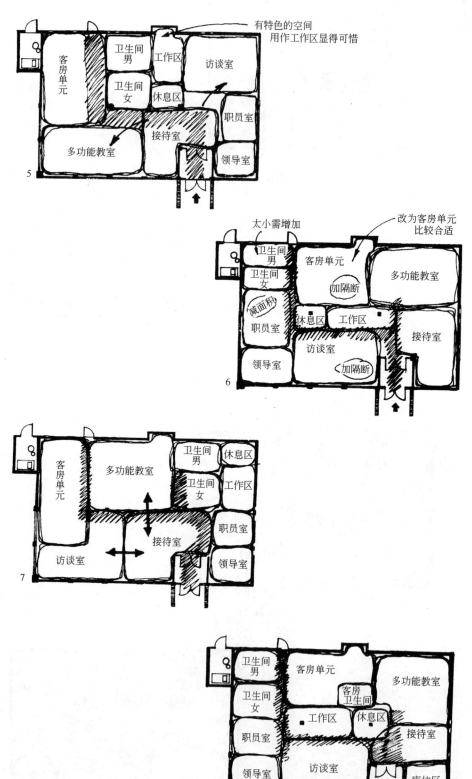

徒手绘制的矩形方框图形具有明确的方向边界，两个矩形的相邻边界在室内平面中既可理解为墙体也可理解为通道，将圆圈图形转换为具有明确空间界定的方框图形，就为空间实体界面的划分打下了基础，方框图形既是圆圈图形的深化，又是空间实体界定的可行方案，图5～图8就是图1～图4的深化过程

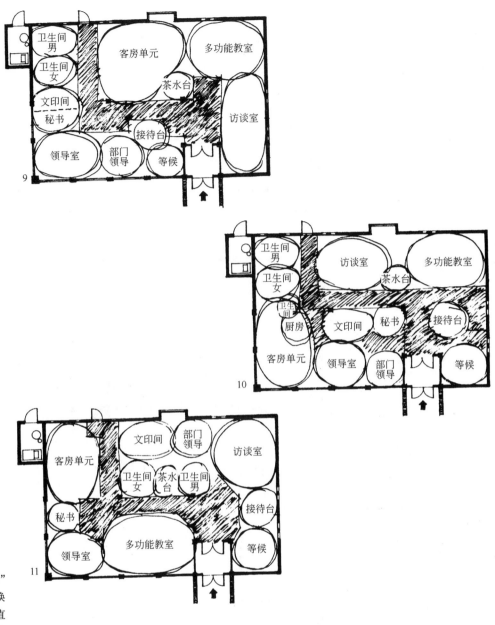

在完成从"圆"到"方"的图形转换之后，应该说可以直接进入功能分区方案平面图的绘制，但是在方框图形的绘制中非常容易暴露出新的问题，直接在方框图中进行修改，由于受形体的限制，反而不容易打开思路，这时返回圆圈图形进行新一轮的图形思维就显得极有效率，图9～图12就是在图5～图8的基础上进行的又一轮循环

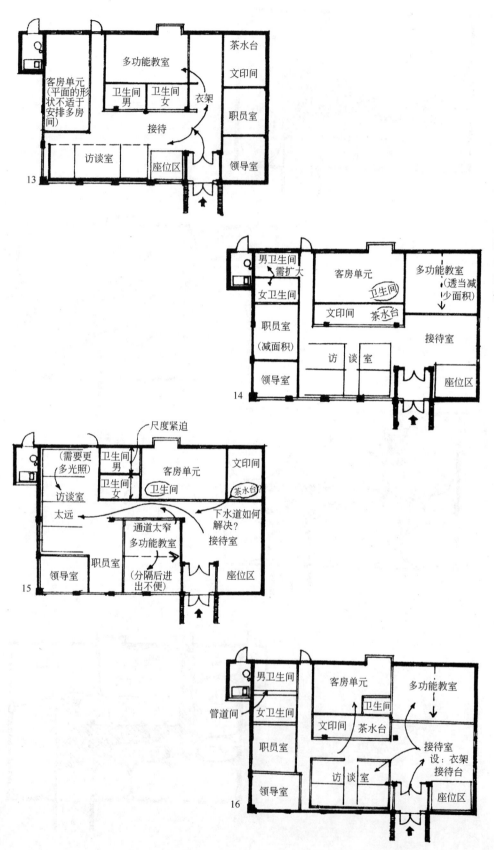

在完成了圆方图形思维的多次反复后，再进行确定的室内平面图绘制，就会避免不必要的失误，在这种情况下完成的平面方案具有其空间适应的合理性，当然一旦墙体分隔和交通道路正式展现于图面，又会出现新的矛盾，作出调整是不可避免的，正是在这种不断的调整中平面方案才能走向相对完美。图13～图16就是平面方案的调整过程

当建筑的平面布局基本推定后，需要放大平面图的比例尺度，以便在室内的层面作进一步的推敲。这个阶段的平面图一般采用1：50的比例较为合适，图解分析需要考虑家具和陈设进入空间后的功能问题。图17~24就是平面布局最终的调整过程。

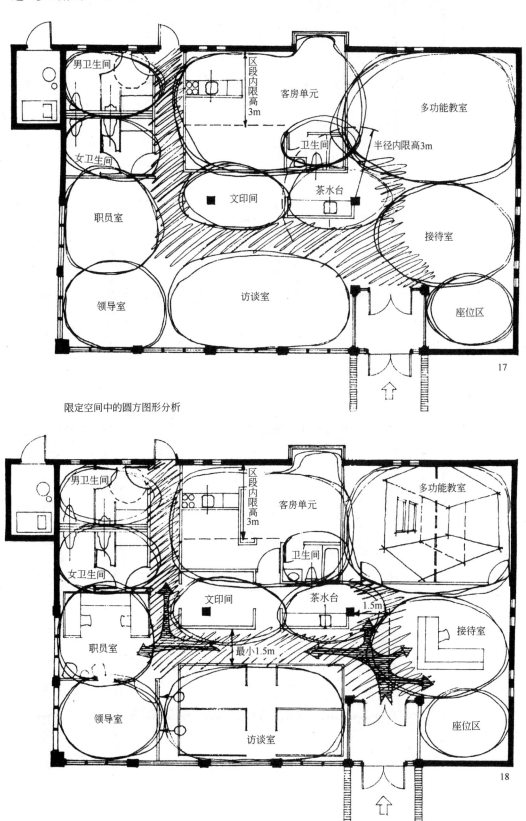

限定空间中的圆方图形分析

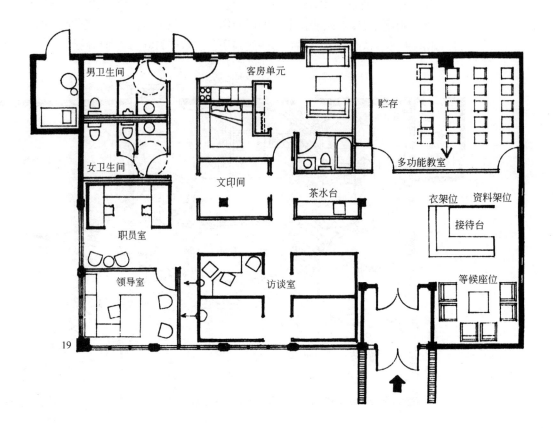

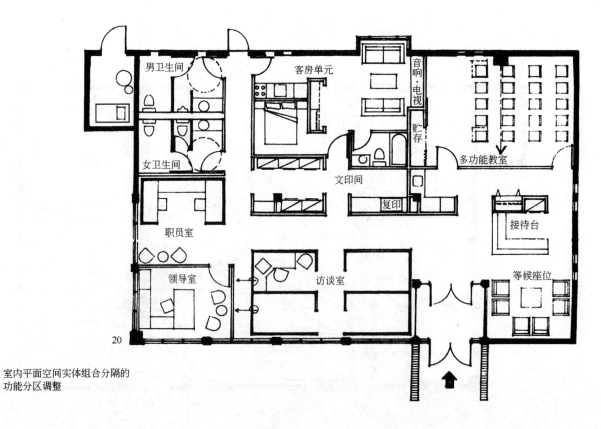

室内平面空间实体组合分隔的
功能分区调整

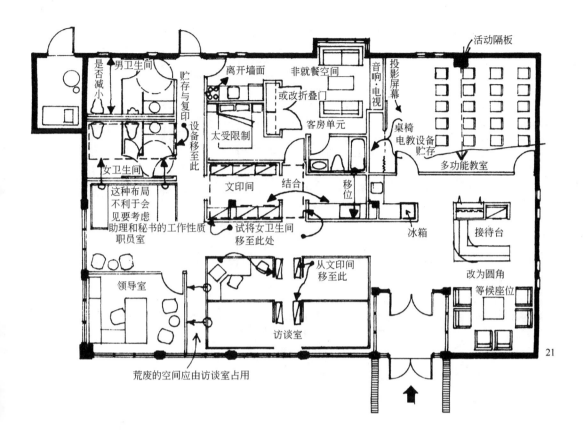

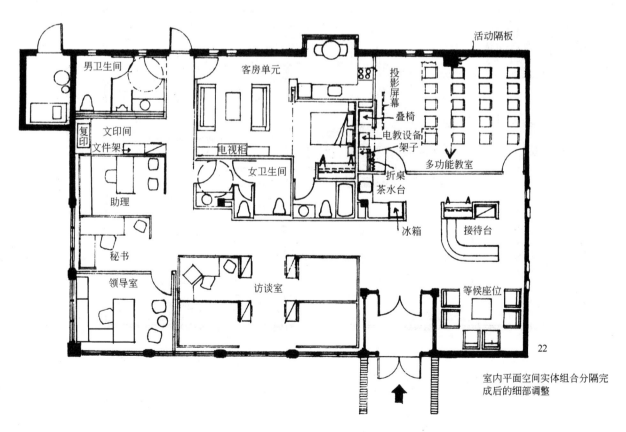

室内平面空间实体组合分隔完成后的细部调整

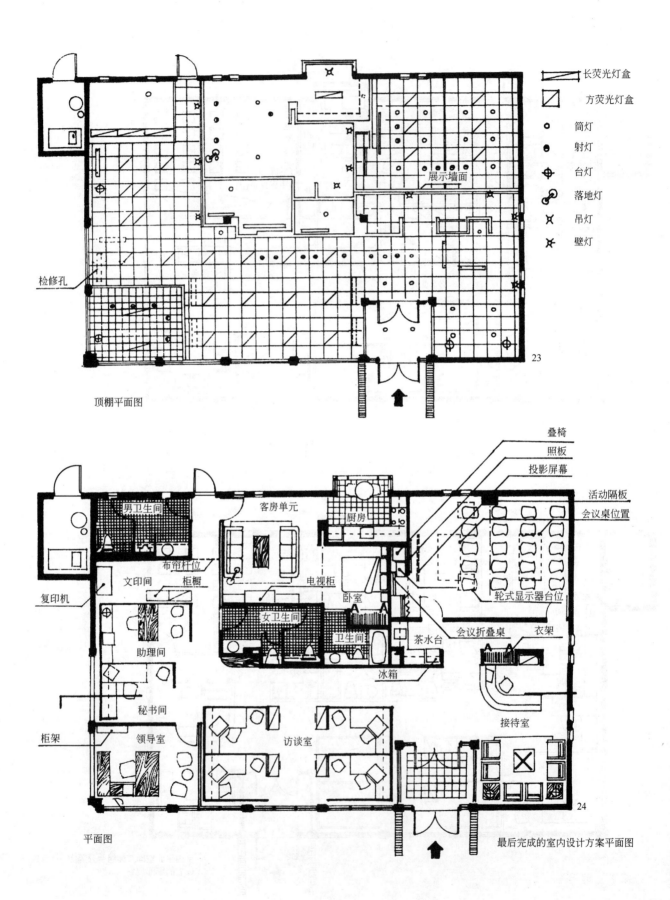

23 顶棚平面图

24 最后完成的室内设计方案平面图

"室内设计的图形思维方法"教学要点

在室内设计的整个过程中，图形思维的方法具有十分重要的意义。这是因为室内设计是通过视觉思考来完成的，而视觉思考是一种应用视觉产物的思考方法，而只有通过把自己头脑中的想法绘制成图形，使图形这一视觉产物成为沟通思维的桥梁，从而在图解思考中完成信息的多次循环，直至最后得出相对完美的设计结果。本节教学的重点在于让学生了解和掌握具体的图形思维方法，学会运用图解思考的方式来解决室内设计的问题，在教学方法上应以课堂讲授与作业辅导相结合为主。

思 考 题

1. 为什么图形思维最好用徒手画的形式在半透明的拷贝纸上进行？
2. 在室内设计中常用的图解分析方法有哪几种？

教 学 札 记

作 业 内 容

1. 特定空间的功能分析图表作业。
2. 特定空间的平面功能分区图解思考作业。
3. 空间形象的图形构思作业。

教 学 札 记

第3章 室内设计程序

3.1 室内设计的总体运行程序

室内设计作为建筑设计的组成部分，以创造实用、舒适、美观、愉悦的室内物理与视觉环境为主旨。室内设计的总体运行就是依据空间规划、构造装修、陈设装饰的设计内容，通过建筑平面设计与空间组织，建筑构造与人工环境系统专业协调，构件造型与界面（地面、墙面、顶棚、柱与梁、门与窗）处理，光照色彩配置与材料选择，器物选型布置与装饰设置，按照设计定位、设计概念、设计方案、设计实施的工作程序来实现其目标。

3.1.1 室内设计定位

设计定位的基础在于建筑营造的条件，包括地理、区位、结构、风格等内容，涉及政治经济、专业发展、决策背景等社会文化因素，最终由使用功能、审美取向、技术条件的综合权衡来设定目标。

在设计定位阶段，需要对项目设定目标的全部要素进行多角度的分析，通过定位策划的多方案对比优选来确定指导思想。可以借助于图形语言工具，将各种要求逐一对应地表达出来。由多种需求的综合优选，产生出明确的概念，落实为简单的图形。对平面、组群关系、功能分析的可能性进行多元探讨。是一个由抽象到具象的演绎过程。设计目标的确立，需要综合考虑场所效益、育人效益、社会效益三方面的影响。

3.1.2 室内设计概念

在设计概念阶段，需要综合设计定位已经确立的各种目标要求，通过发散性的形象思维程序，构思出明确的设计概念，在文化层面形成设计的主题精神。

这是一个形象思维的图解思考过程。构思需要通过图形来优化与延展，以此激发创作潜力。在图形的表达中，不断发现与创新。由图形催生的新想法，还要经过理性的逻辑思维，深入推敲和对比，在理解原有概念的基础上，再产生新的形式与观念，碰撞出崭新的灵感火花。

室内设计的概念发展阶段，需要具体落实到空间的平面与立面形式推敲之中。针对已产生的概念构思，绘制大量不同发展方向的设计草图，再利用形象思维派生出尽可能多的分支，只有通过不断拓宽思路的多图形对比与修正，最终优选出的设计概念才能相对完善。

室内设计概念阶段的图例选自清华大学美术学院06级本科生刘梦婕的课堂作业（指导教师 郑曙旸）。虽然该作业的感性色彩较为浓重，但设计任务的概念升华、空间意象的定位、概念细化的提炼都比较到位。

刘梦婕 06室内

指导教师：郑曙旸

My home
居室空间概念设计

享受温暖的下午茶时间……

楼盘信息
地理环境

My home
调研部分

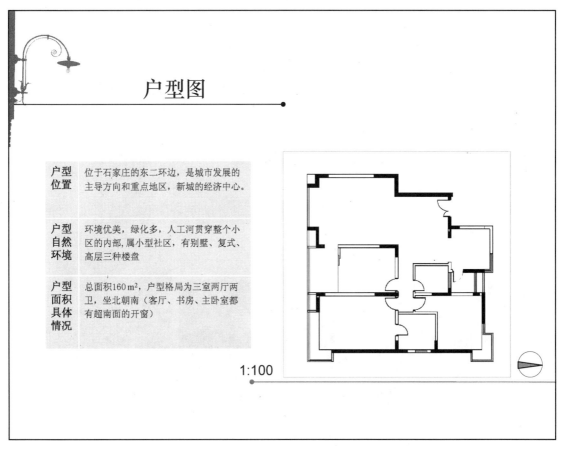

户型图

户型位置	位于石家庄的东二环边，是城市发展的主导方向和重点地区，新城的经济中心。
户型自然环境	环境优美，绿化多，人工河贯穿整个小区的内部，属小型社区，有别墅、复式、高层三种楼盘
户型面积具体情况	总面积160 m²，户型格局为三室两厅两卫，坐北朝南（客厅、书房、主卧室都有超南面的开窗）

1:100

实景照片

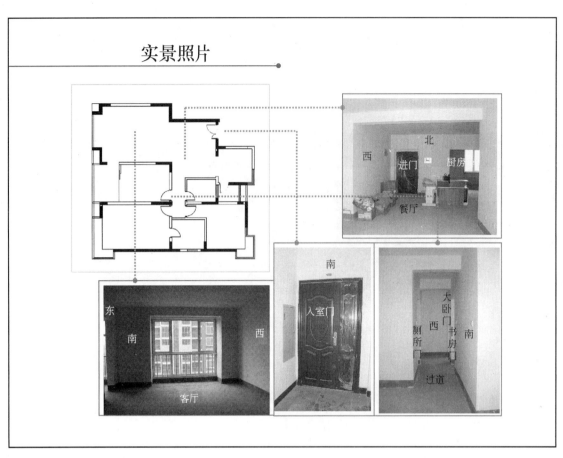

实景照片

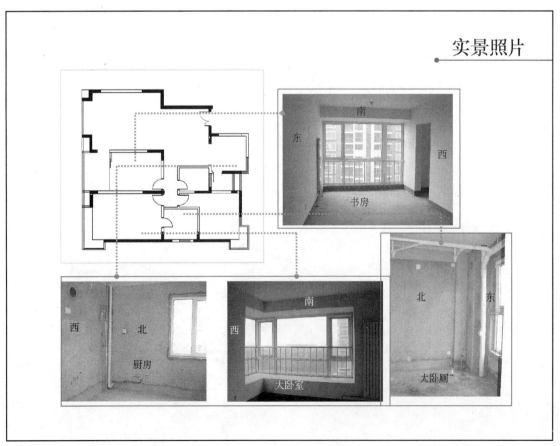

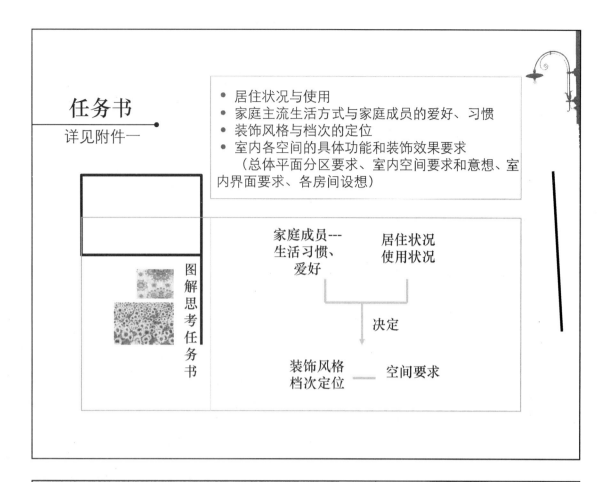

任务书
详见附件一

- 居住状况与使用
- 家庭主流生活方式与家庭成员的爱好、习惯
- 装饰风格与档次的定位
- 室内各空间的具体功能和装饰效果要求
  （总体平面分区要求、室内空间要求和意想、室内界面要求、各房间设想）

图解思考任务书

家庭成员---生活习惯、爱好   居住状况 使用状况

↓ 决定

装饰风格 档次定位 —— 空间要求

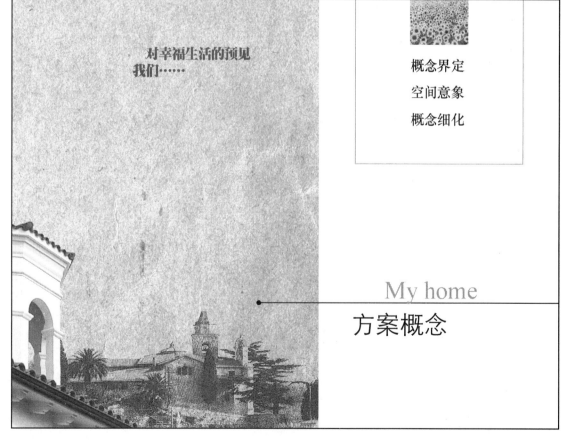

对幸福生活的预见
我们……

概念界定
空间意象
概念细化

My home
方案概念

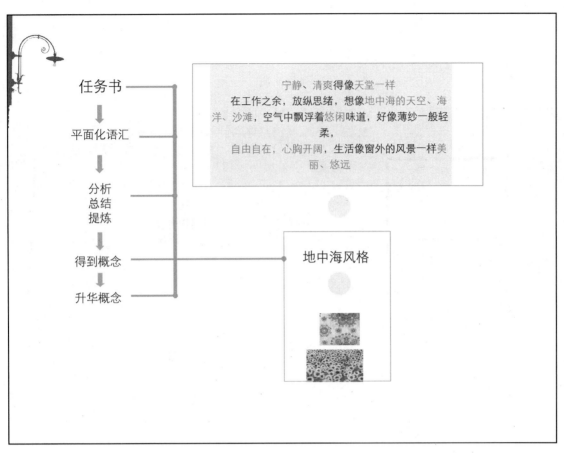

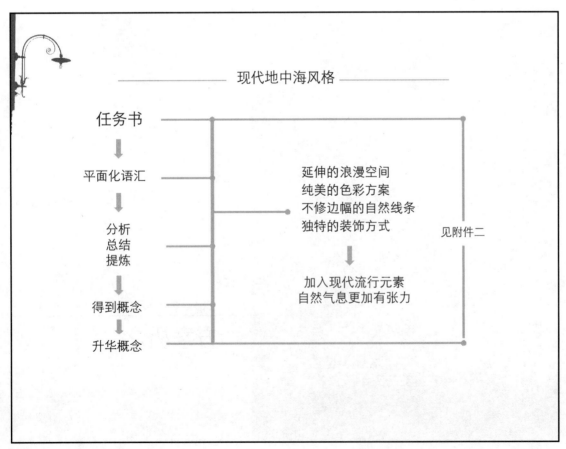

空间意想拼图

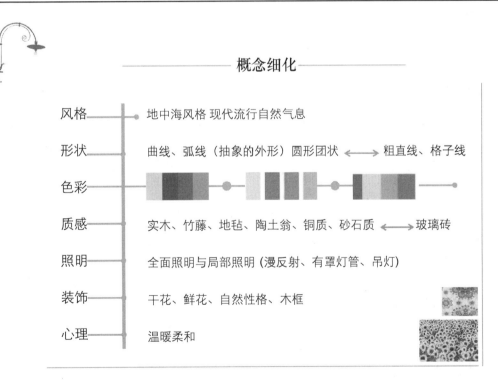

概念细化

风格 —— 地中海风格 现代流行自然气息

形状 —— 曲线、弧线（抽象的外形）圆形团状 ←→ 粗直线、格子线

色彩 ——

质感 —— 实木、竹藤、地毡、陶土瓮、铜质、砂石质 ←→ 玻璃砖

照明 —— 全面照明与局部照明（漫反射、有罩灯管、吊灯）

装饰 —— 干花、鲜花、自然性格、木框

心理 —— 温暖柔和

3.1.3 室内设计方案

设计方案是设计概念从虚到实的技术落实过程。也就是使用专业的图形语汇将概念落实于纸面，产生专业化、技术化、形象化的方案。传统的设计方案绘制过程，完全是人的主观思维与客观手绘程序。今天，这个程序已经基本被电子计算机等新型媒介所替代。因此，更加凸显了概念设计阶段的重要性。

经过图解思考优化的方案设计，最终还有一个转化过程，这就是进行方案的施工图设计。概念与方案必须落实到施工图纸的层面上，才具有可操作性。实施过程中还可以对方案进行细化与修正。

利用图形思维的方法，对方案的施工可能性进行终极探讨，从功能、审美、技术等方面对各种施工的可能性进行衡量，是方案设计阶段工作的主要内容。

室内设计方案阶段的图例选自清华大学美术学院08级本科生丁点点的课堂作业。该作业比较完整地显现了室内设计方案阶段的图形思维过程。

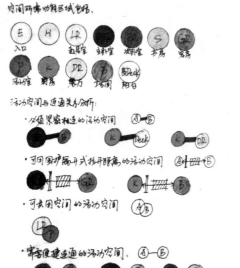

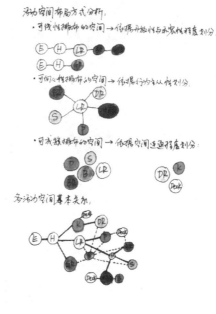

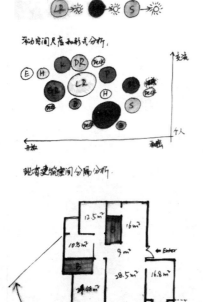

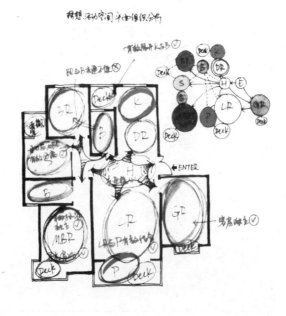

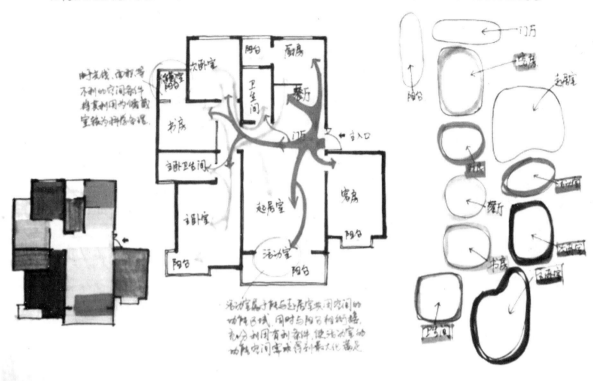

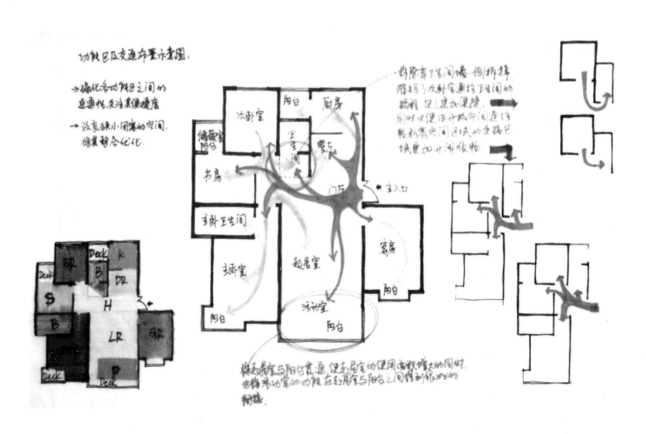

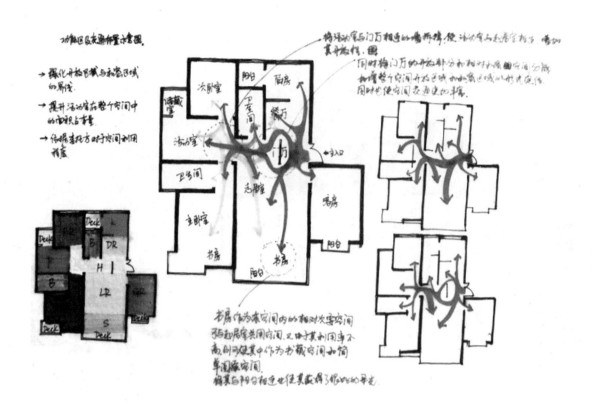

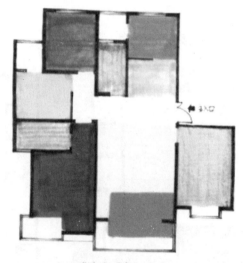

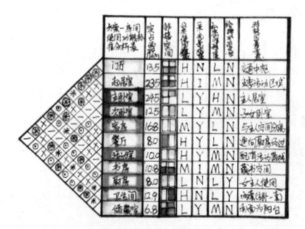

不同功能区及交通布置方案的对比优选：

【方案三】

方案出发点：依据功能区间"主""从"关系，即主客、明确的分城原则划分，同时强调主空间的流畅性

方案概述：古客间面积由入口腾墙偏定，与家庭部分空间为明显界限，将活动作为家主人活动空间中的越主居室动的最重要的空间，主卧室、次卧室之间设为过渡空间。

方案缺点：入口腾墙偏门厅打散，视觉的隔断同时迷惑交通的不畅，也偏定居室，紧为空间打散。

方案可行度：60%

方案三空间使用功能所有关系	常用度 (m²)	答客空间	公共使用程度	采光要求	安静要求	输送要求	特征要点
门厅	8.5		H	N	L	N	交通中枢
起居室	22		H	I	M	N	娱乐活动中区
主卧室	24.5		L	Y	H	N	主人居室
次卧室	12.5		L	Y	M	N	女主居室
客房	16.8		M	Y	L	N	弹性空间使用
餐厅	8.0		H	Y	L	N	通向厨房过道
书房	10.8		H	N	H	N	相对独立
厨房	8.5		H	I	M	Y	紧靠休闲室
卧屋	8.0		L	N	L	Y	女主人使用
卫生间	12.9		H	N	L	Y	使用(主卧独立)
储藏室	6.0		L	N	M	N	南向作作防潮

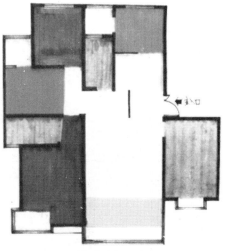

1:100功能空间划分概念示意图

图例

H	程度高	N	不需要	X	便利的
M	程度中	I	重要	⊙	不重要的
L	程度低	⊗	很需要	-	远离的
Y	需要	✳	靠近的		

不同功能区及交通布置方案 对比优选：

【方案二】

方案出发点：依据功能的办家精度，尤其是功能区之间连通畅达精雅划分

方案概述：功能区间以开放向松家层层递进，功能区之间以客交通畅达度较高

方案缺点：公同主厅间太过于开放，不容易与周边环境融洽

方案可行度：85%

方案二空间使用功能所有关系	常用度 (m²)	答客空间	公共使用程度	采光要求	安静要求	输送要求	特征要点
门厅	8.5		H	N	L	N	交通中枢
起居室	20.5		H	I	M	N	娱乐活动区域
主卧室	24.5		L	Y	H	N	主人居室
次卧室	12.5		L	Y	M	N	女主居室
客房	16.8		M	Y	L	N	弹性空间2功能
餐厅	8.0		H	Y	L	N	通向厨房过道
书房	10.0		H	Y	M	N	独立功能需求
厨房	10.8		H	I	M	N	藏书空间
卧屋	8.0		L	N	L	Y	女主人使用
卫生间	12.9		H	N	L	Y	使用(主卧独立)
储藏室	6.8		L	N	M	N	南向作作防潮

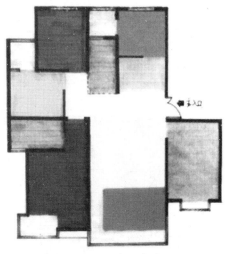

1:100功能空间划分概念示意图

图例

H	程度高	N	不需要	X	便利的
M	程度中	I	重要	⊙	不重要的
L	程度低	⊗	很需要	-	远离的
Y	需要	✳	靠近的		

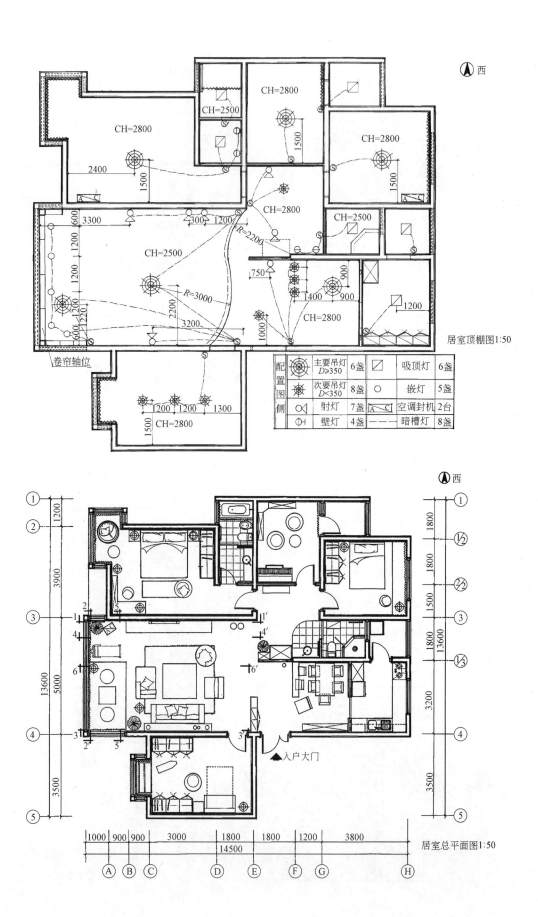

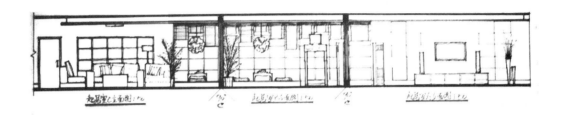

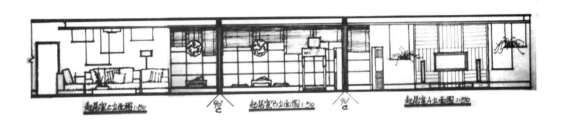

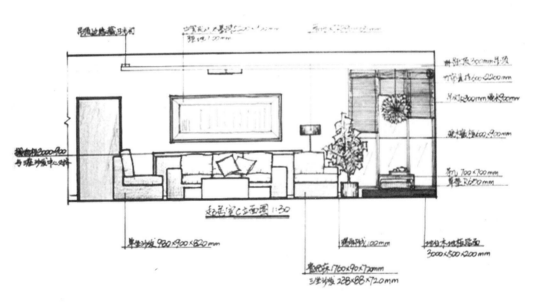

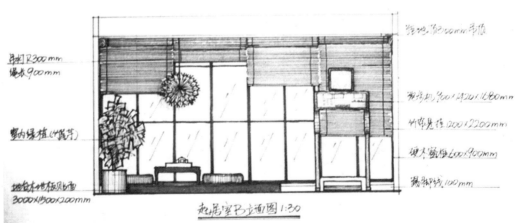

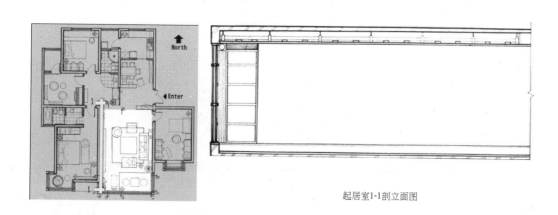

起居室1-1剖立面图

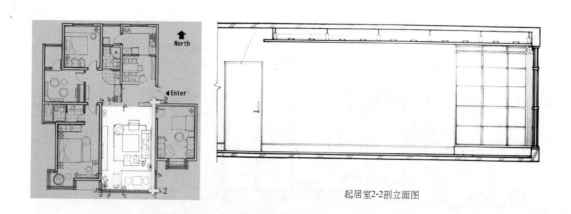

起居室2-2剖立面图

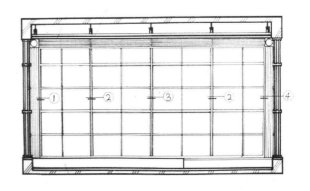

起居室3-3剖立面图

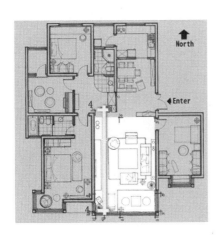
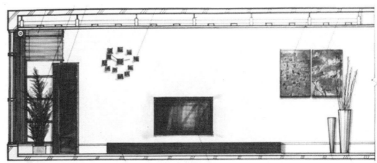

起居室4-4剖立面图

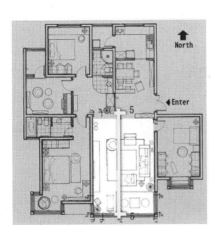

起居室5-5剖立面图

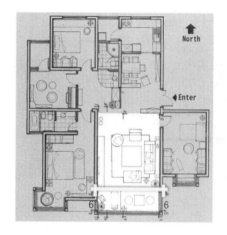
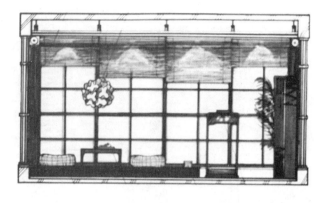

起居室6-6剖立面图

3.1.4 室内设计实施

设计的实施阶段是检验设计者是否具备完整人格和专业素养的关键点。良好的沟通能力与决策能力是设计顺利实施的基本保证。

空间场所的总体掌控，装修材料、家具灯具、陈设织物的选择，细部节点与设施设备选型的推敲，都要通过详尽的施工图纸深化来贯彻。优化的施工图是保证设计作品完成的重要因素。经过实施的设计方案，能够经受住时间的考验，才能称其为作品。只有接受公众的评判，才能使设计者对初始定位、概念构思、方案设计进行反思，以期增加经验，取得不断进步。

室内设计实施阶段的图例选自清华大学美术学院08级本科生丁点点的课堂作业。只选择了材料与陈设物品的图表，并不包括施工图纸的内容。

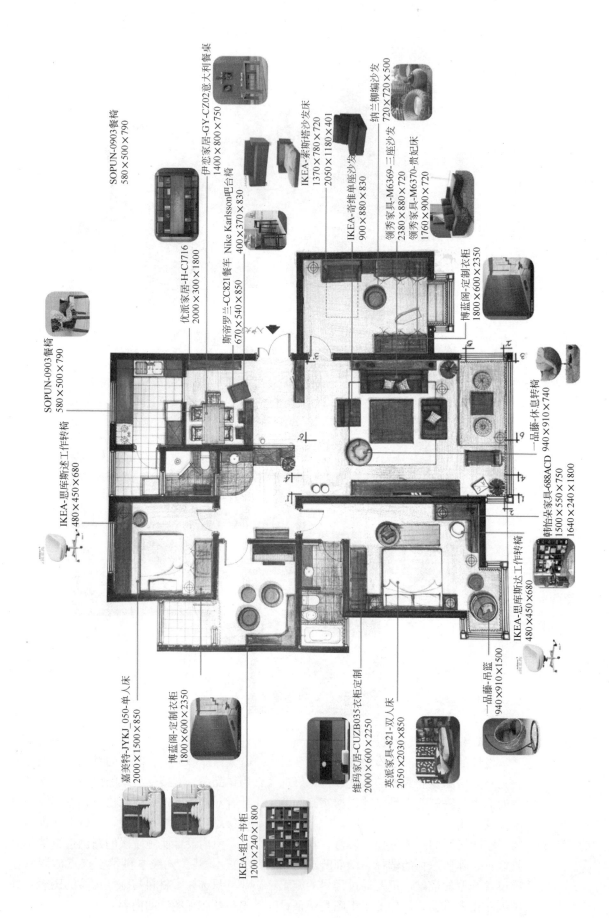

居室家具选购清单

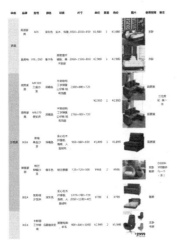

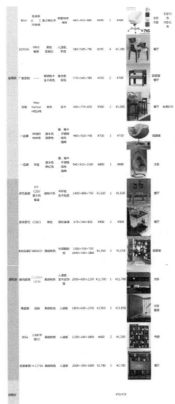

居室灯具选购清单

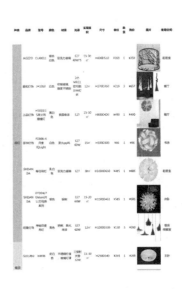

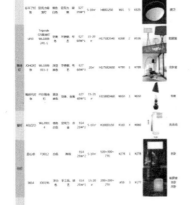

居室陈设摆件选购清单

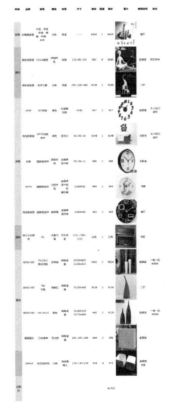

居室电器选购清单

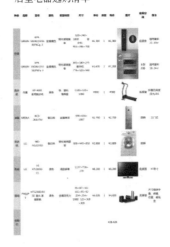

居室窗帘壁纸选购清单

3.2 室内设计的图面作业程序

室内设计的最终结果是包括了时间要素在内的四维空间实体,而室内设计则是在二维平面作图的过程中完成的。在二维平面作图中完成具有四维要素的空间表现,显然是一个非常困难的任务。因此调动起所有可能的视觉图形传递工具,就成为室内设计图面作业的必需。图面作业采用的表现技法包括:徒手画(速写、拷贝描图),正投影制图(平面图、立面图、剖面图、细部节点详图),透视图(一点透视、两点透视、三点透视),轴测图。徒手画主要用于平面功能布局和空间形象构思的草图作业;正投影制图主要用于方案与施工图的正图作业;透视图则是室内空间视觉形象设计方案的最佳表现形式。

室内设计的图面作业程序基本上是按照设计思维的过程来设置的。室内设计的思维一般经过:概念设计、方案设计、施工图设计三个阶段。平面功能布局和空间形象构思草图是概念设计阶段图面作业的主体;透视图和平立面图是方案设计阶段图面作业的主体;剖面图和细部节点详图则是施工图设计阶段图面作业的主体。设计每一阶段的图面作业,在具体的实施过程中并没有严格的控制,为了设计思维的需要,不同图解语言的融汇穿插是室内设计图面作业经常采用的一种方式。

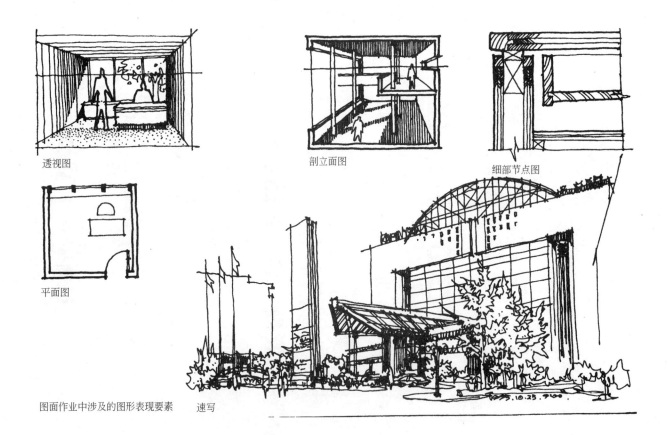

透视图　　　　　　剖立面图　　　　　　细部节点图

平面图

图面作业中涉及的图形表现要素　　速写

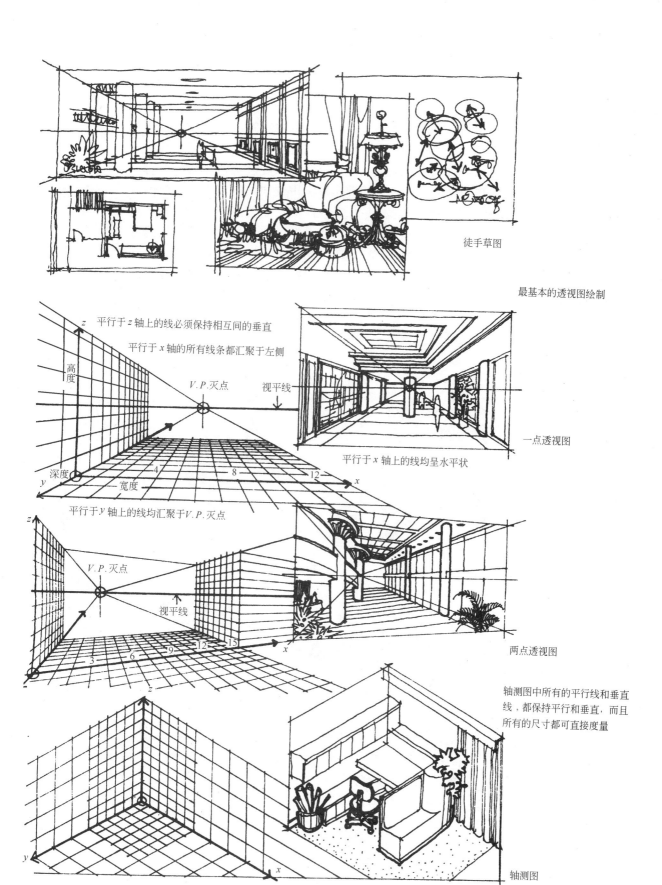

徒手草图

最基本的透视图绘制

一点透视图

两点透视图

轴测图

3.2.1 平面功能布局的草图作业

室内设计的平面功能分析是在建筑内部界定空间中进行的,根据人的行为特征,室内空间的使用基本表现为"动"与"静"两种形态。具体到一个特定的空间,动与静的形态又转化为交通面积与实用面积,可以说室内设计的平面功能分析主要就是研究交通与实用之间的关系,它涉及到位置、形体、距离、尺度等时空要素。研究分析过程中依据的图形就是平面功能布局的草图作业。

平面功能布局草图作业所采用的图解思考语言就是本书所列举的:本体、关系、修饰。所采用的主要语法正是建立在这种抽象图形符号之上的圆方图形分析法。

平面功能布局草图作业所要解决的问题,是室内空间设计中涉及功能的重点。它包括平面的功能分区、交通流向、家具位置、陈设装饰、设备安装等。各种因素作用于同一空间,所产生的矛盾是多方面的。如何协调这些矛盾,使平面功能得到最佳配置,是平面功能布局草图作业的主要课题,必须通过绘制大量的草图,经过反复的对比才能得出理想的平面。

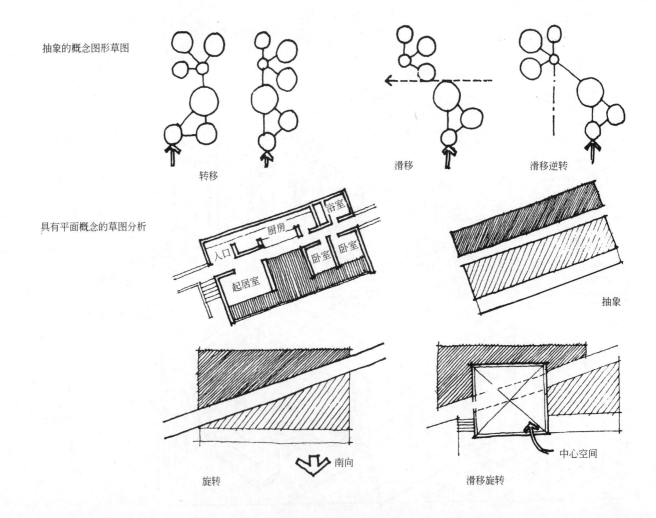

草图作业常用的图形方式

从抽象到具象的转化

室内平面草图的组合变化方式

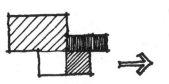

不同使用功能的单体空间　　"粘合"空间的典型过程

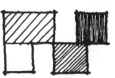

错位变化

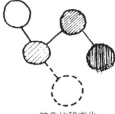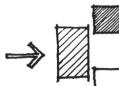

镜象位移变化

设计草图往往具有模棱两可的相似可发展性，即使是同样的图形组合，表现方式的不同也可理解为不同的含义

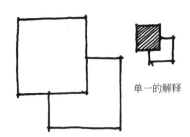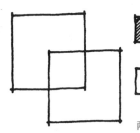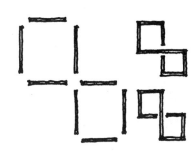

单一的解释　　　　　两种解释

重迭　　　　　　　透明　　　　　　　暗示

这里的10幅图所反映的是室内设计平面草图作业的过程（清华大学美术学院室内设计专业方向2001级王蕾）。

在限定建筑平面基础上所作的最初探讨（图1）。

所有的问题都在于房间具体的功能定位，并集中体现于入口的交通流线组织与空间分隔（图2～图5）。

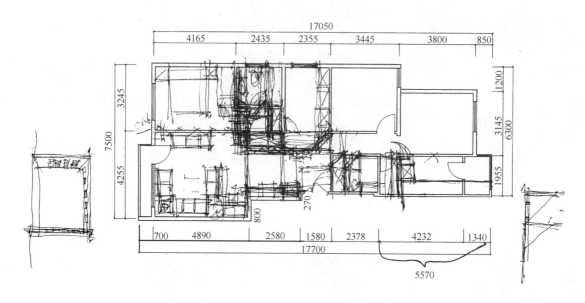

5号楼A1单元平面图

图1

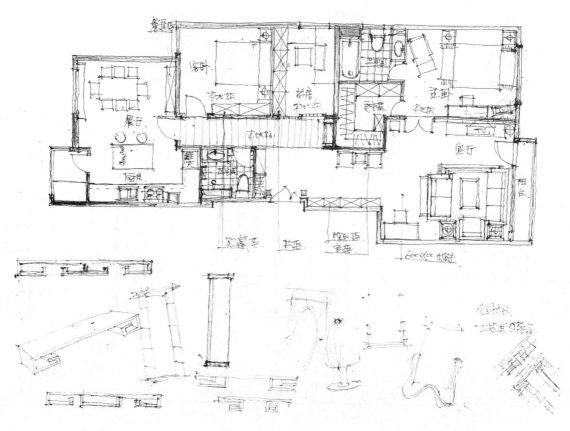

图2

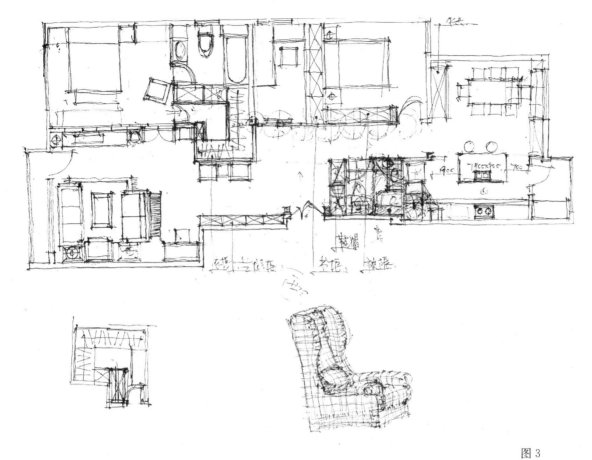

图 3

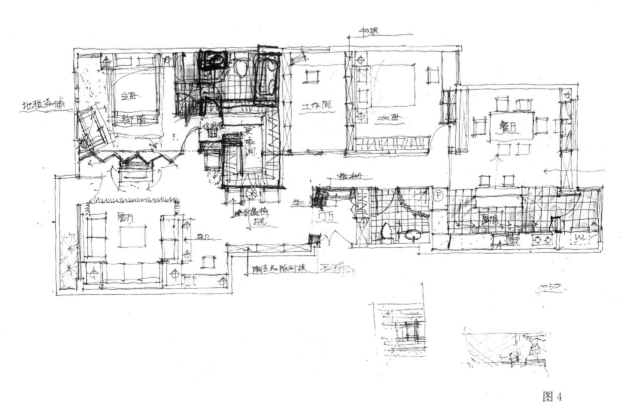

图 4

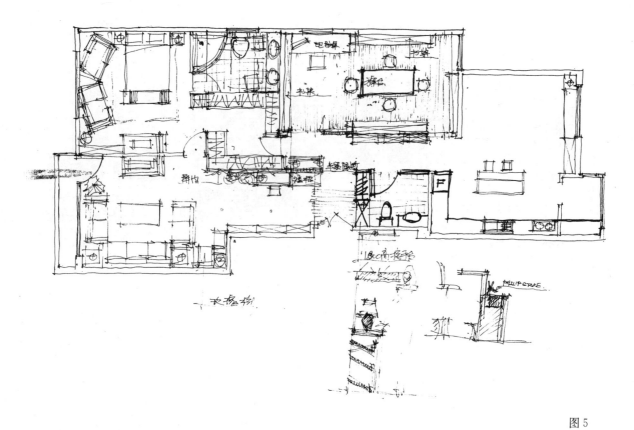

图 5

在平面草图的过程中,通过空间透视的推敲预想设计完成后的局部实际效果(图 6)。

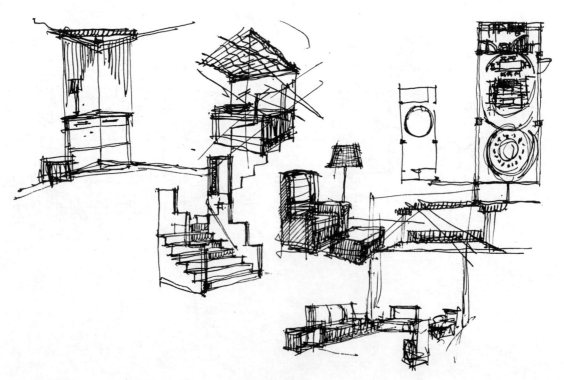

图 6

将三个可实施的平面方案画出来以便做最终的抉择(图7~图9)。

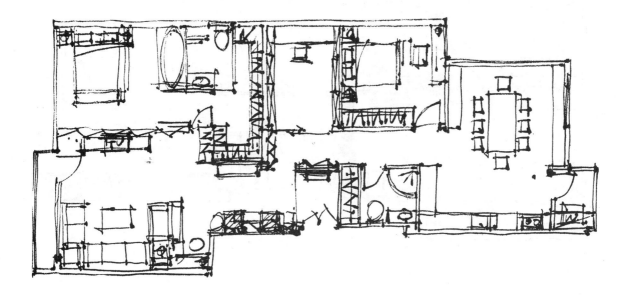

图7

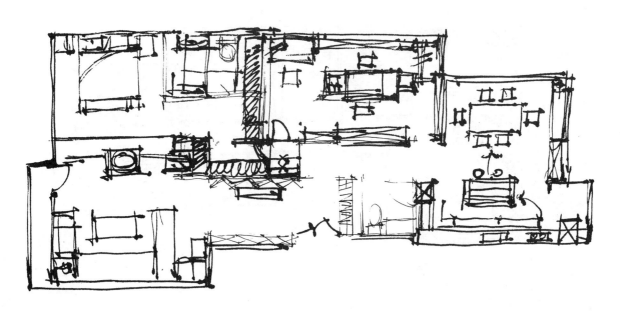

图8

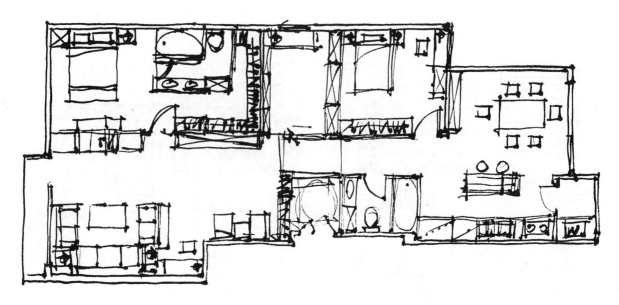

图9

确定后的平面草图（图10）

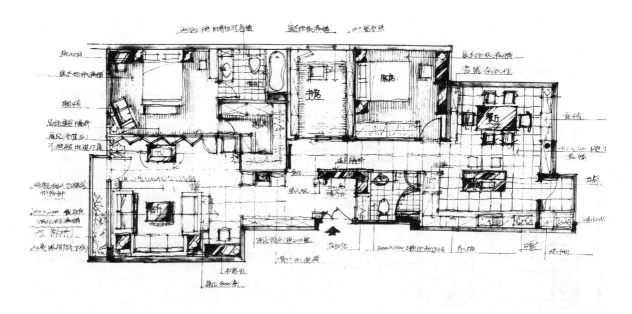

图10

室内设计草图从平面到空间表现作业的典型过程(清华大学美术学院室内设计专业方向 2001 级关键图 11~图 14)。

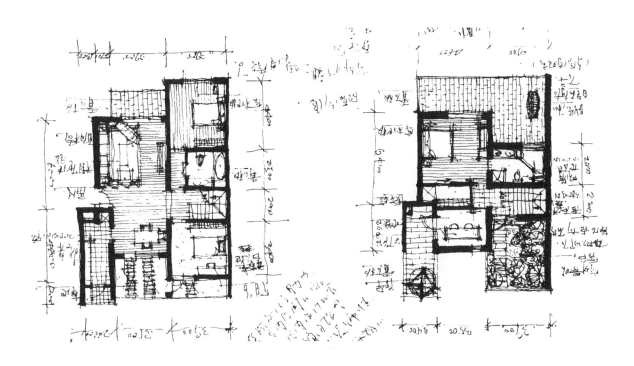

图 11

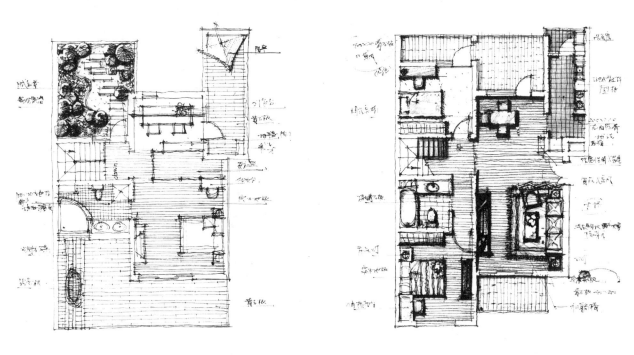

图 12

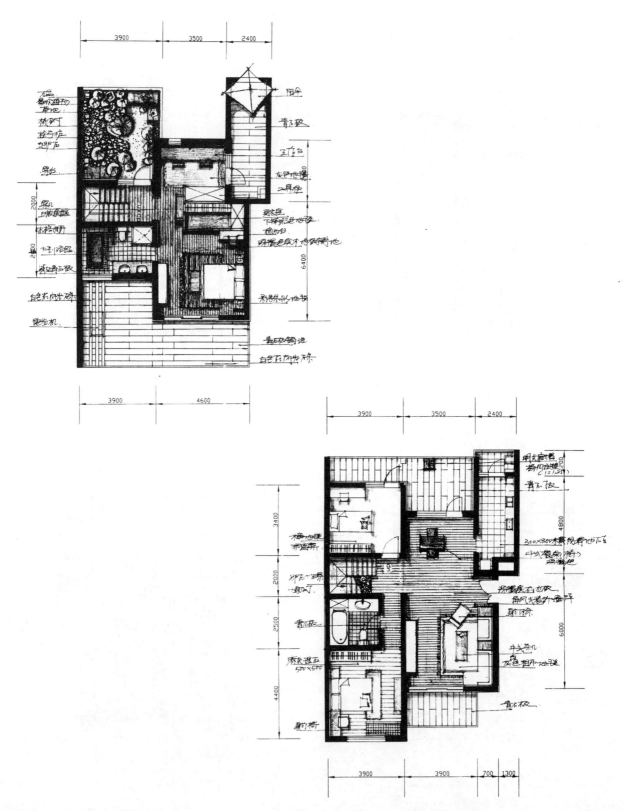

图13

空间表观1

空间表观2

图 14

3.2.2 空间形象构思的草图作业

室内的空间形象构思是体现审美意识表达空间艺术创造的主要内容，是概念设计阶段与平面功能布局设计相辅相成的另一翼。由于室内是一个由界面围合而成相对封闭的空间虚拟形体，空间形象构思的着眼点应主要放在空间虚拟形体的塑造上，同时注意协调由建筑构件、界面装修、陈设装饰、采光照明所构成的空间总体艺术气氛。作为表达这种空间形象构思的草图作业，自然是以徒手画的空间透视速写为主。这种速写应主要表现空间大的形体结构，也可以配合立面构图的速写，帮助设计者尽快确立完整的空间形象概念。

空间形象构思的草图作业应尽可能从多方面入手，不可能指望在一张速写上解决全部问题，把海阔天空跳跃式的设想迅速地落实于纸面，才能从众多的图像对比中得出符合需要的构思。

不妨从以下方面打开思维的阀门，进行空间形象构思的草图作业：

空间形式
构图法则
意境联想
流行趋势
艺术风格
建筑构件
材料构成
装饰手法

空间形象的构思是不受任何限制的，打开思路的方法莫过于空间形象构思的草图作业，当每一张草图呈现在面前的时候都可能触发新的灵感，抓住可能发展的每一个细节，变化发展绘制出下一张草图，如此往复直至达到满意的结果。

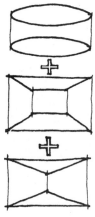

最初的空间形象构思总是从简单的几何形体组合入手，因为再复杂的内部空间，也是由最基本的空间形态构成的

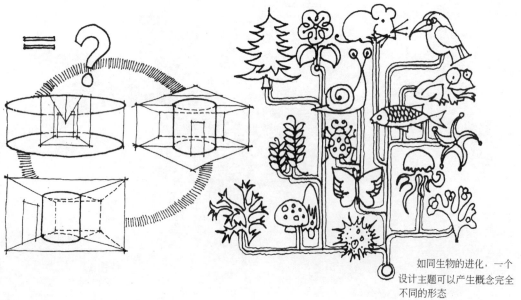

如同生物的进化，一个设计主题可以产生概念完全不同的形态

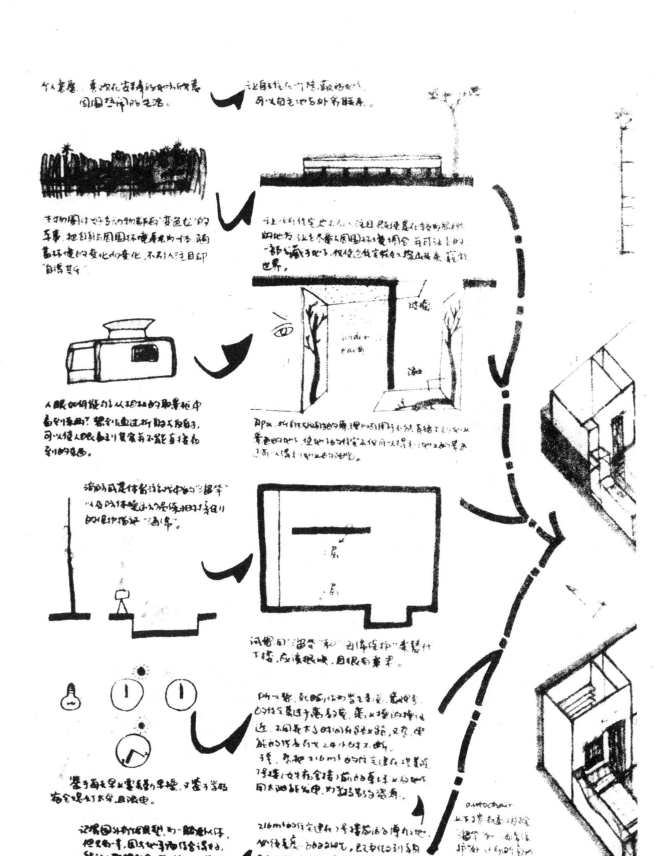

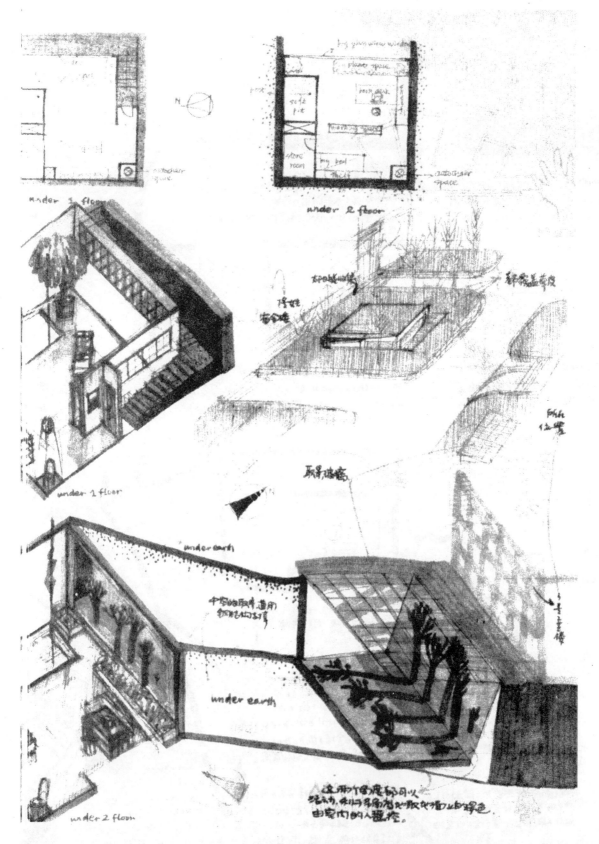

这是一个空间形象构思的草图作业，选自清华大学美术学院环境艺术设计专业95级李正平的"室内概念设计"课程作业。该课题规定学生可在世界的任一地点建立自己理想的供个人居住的空间，假定建造资金、技术、材料、交通不受任何限制，只是空间总体积不得超过216m³，试图通过此题最大限度地发挥学生的空间形象创造想像力。通过这个作业可以清楚地看到学生在空间形象思维的过程中自觉或不自觉地运用了各种相似类比的手法

相似的联想是启发空间形象构思的重要方面

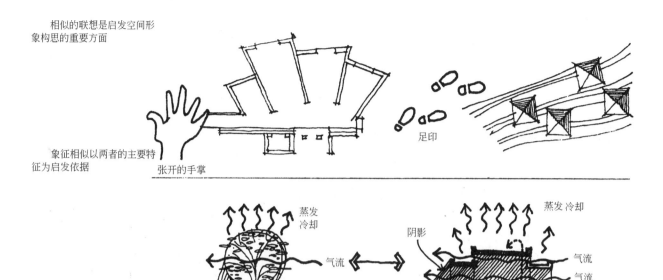

象征相似以两者的主要特征为启发依据

直接相似在平行因素和效果之间进行比较

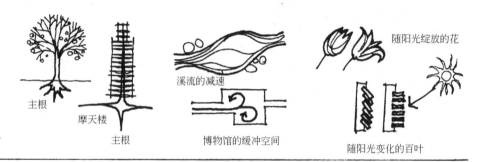

自然相似以自然中结构的、物理的、控制的要素进行类比

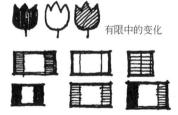

有机相似从植物或者动物的形态和行为中得到启示

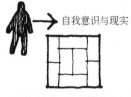

文化相似则是人在社会中文化观念的相互启迪

3.2.3 设计概念确立后的方案图作业

概念设计阶段的草图一般都是设计者自我交流的产物，只要能表达自己看得懂的完整的空间信息，并不在乎图面表现效果的好坏。而设计概念确立后的方案图作业则是另一种概念。在这里，方案图作业具有双重作用，一方面它是设计概念思维的进一步深化，另一方面它又是设计表现最关键的环节。设计者头脑中的空间构思最终要通过方案图作业的表现，展示在设计委托者的面前。

视觉形象信息准确无误的传递对方案图作业具有非常重要的意义。因此，平立面图要绘制精确，符合国家制图规范；透视图要能够忠实再现室内空间的真实景况。可以根据设计内容的需要采用不同的绘图表现技法，如水彩、水粉或透明水色、马克笔、喷绘之类。近年来随着计算机技术的迅猛发展，在方案图作业的阶段使用计算机绘图已是大势所趋，尤其是制图部分基本已完全代替了繁重的徒手绘图，透视图的计算机表现同样也具有模拟真实空间的神奇能力，用专业的软件绘制的透视图类似于摄影作品的效果。在这方面因为涉及艺术表现的问题，计算机绘图不可能完全取而代之，但至少会成为透视图表现的主流，而手绘透视表现图只有达到相当的艺术水准才能够被接受。两者之间的关系如同人像摄影与肖像绘画。

作为学习阶段的方案图作业仍然要提倡手工绘制，因为直接动手反映到大脑的信息量，要远远超过隔了一层的机器，通过手绘训练达到一定的标准，再转而使用计算机必然能够在方案图作业的表现中取得事半功倍的效果。

在室内设计的方案图作业中，平面图的表现内容与建筑平面图有所不同，建筑平面图只表现空间界面的分隔，而室内平面图则要表现包括家具和陈设在内的所有内容。精细的室内平面图甚至要表现材质和色彩。立面图也是同样的要求。

一套完整的方案图作业，应该包括平立面图、空间效果透视图以及相应的材料样板图和简要的设计说明。工程项目比较简单的可以只要平面图和透视图。具体作图程序则比较灵活，设计者可以按照自己的习惯做相应的安排。

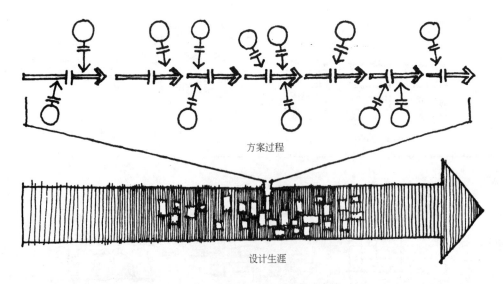

方案过程

设计生涯

在设计师的一生中设计概念确立后的方案图作业占据的时间和精力都是非常久和非常大的，在每一项设计方案的制作过程中，总要受到外界不同信息的影响，好的不好的赞成的不赞成的。每一次方案图作业都为设计者的智力宝库增添新的思维资源。善于积累并不断开发必受益无穷

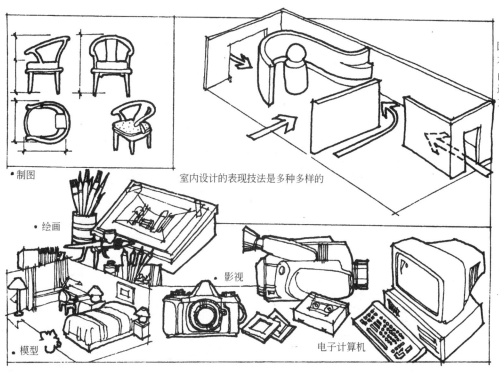

方案表现的不同手段

室内是一个包括时间因素在内的四度空间,从不同方向进入会得出各异的空间印象,室内空间的这种特征决定了室内设计方案表现的多样性

室内设计的表现技法是多种多样的

·制图 ·绘画 ·模型 影视 电子计算机

室内表现的空间层次与素描关系

物体表现

内部空间表现

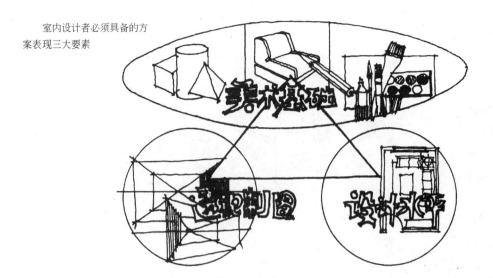

室内设计者必须具备的方案表现三大要素

方案透视图制作程序

徒手绘图

- 绘图前的准备工作
- 熟悉室内平面图
- 透视方法与角度选择
- 绘制底稿
- 绘图技法选择
- 绘制
- 作品校正
- 装裱

整理好绘图环境，环境的清洁整齐，有助于绘画情绪的培养，使其轻松顺手，各种绘图工具应齐备，并放置于合适的位置。

充分进行室内平面图的设计思考和研究，充分了解委托者的要求和愿望，对经济要素的考虑与材料的选用。

根据表达内容的不同，选择不同的透视方法和角度。如一点平行透视或二点成角透视。一般应选取最能表现设计者意图的方法和角度。

用描图纸或透明性好的拷贝纸绘制底稿，准确地画出所有物体的轮廓线。

根据使用空间的功能内容，选择最佳的绘图技法，或按照委托图纸的交稿时间，决定采用快速，还是精细的表现技法。

按照先整体后局部的顺序作画。要做到：整体用色准确，落笔大胆，以放为主；局部小心细致，行笔稳健，以收为主。

对照透视图底稿校正，尤其是水粉画法在作画时易破坏轮廓线，须在完成前予以校正。

依据透视效果图的绘画风格与色彩，选定装裱的手法。

根据室内设计的空间实况，决定选用何种软件，并安排好绘制程序。

在计算机中运用相应软件，建立虚拟的空间实体模型，在建模的过程中不断深化与完善设计。

先行调整空间的光色基调，无论对绘图的速度和绘图的质量，都具有较大的益处。

利用计算机模拟空间模型的动态特点，选择合适的视点与相应的视距、视角，并以此来确定最后的构图。

空间构件细部建模的调整，选择合适尺度、色彩、图案的材质贴图。并合理增减光照使之与空间形体和材质统一和谐。

选择不同的绘图软件取其优势，补充已完成空间建模图形的弱势，充分发挥计算机的多媒体特性，合成最后的理想图形。

选择合适分辨率的打印工具，细心调整色调，尽可能缩小误差，打印出符合要求的成图。

依据透视效果图的绘画风格与色彩，选定装裱的手法。

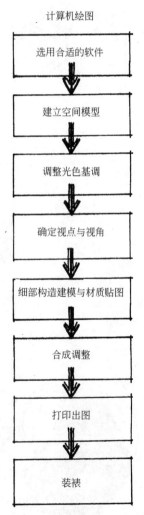

计算机绘图

- 选用合适的软件
- 建立空间模型
- 调整光色基调
- 确定视点与视角
- 细部构造建模与材质贴图
- 合成调整
- 打印出图
- 装裱

从概念到方案的室内设计课程作业：清华大学美术学院 07 级本科生刘浏（指导教师 郑曙旸，刘东雷）

概念的提出：
1. 需增加独立的工作空间
2. 储存空间不足、无条理
3. 东南角落功能不明确，使用频率很低
4. 普遍存在家具尺度不适合现有面积的问题

现有面积有限、又需要更多空间与功能甲方喜观明亮宽敞的感觉

灵活多变的家具、同一空间在不同时间段有多种功能的可能性灵活多变的生活

任务书要点：
对现有空间的评价：
1. 目前仅一间书房，需增加母亲与女儿独立的工作空间
2. 储存空间不足，现有的储物情况无条理，无法快速准确地找到东西
3. 东南角落功能不明确，使用频率很低
4. 需要更好的用餐环境，以便提供家人沟通交流的平台
5. 普遍存在家具尺度不适合现有面积的问题
6. 北朝向，普遍光照不充足，室内温度偏低

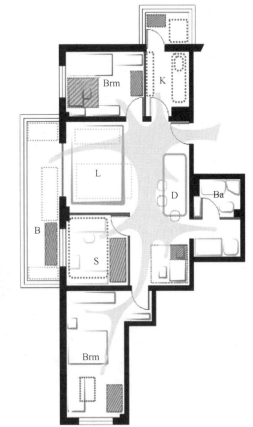

方案一——功能分区与流线分析：
可解决：
1. 三人工作空间的不足
2. 储存空间不足
3. 次卧从西北边移出
4. 餐厅面积的加大利于创造更好的用餐环境、与厨房关系更紧密

待解决：
1. 女儿工作空间与卧室的关系
2. 女儿卧室的私密性的保障
3. 女儿卧室隔墙可能带来的视觉拥堵

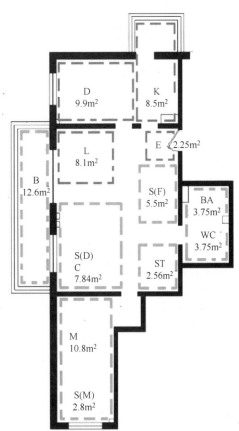

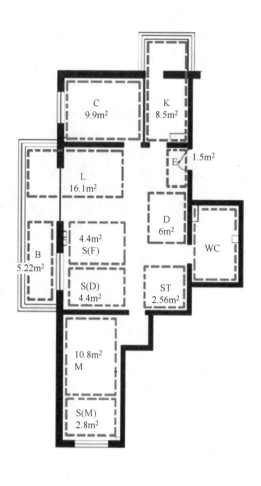

方案二——功能分区与流线分析：

可解决：

1. 三人工作空间的不足
2. 储存空间不足
3. 客厅面积更大
4. 阳台温度升高

待解决：

1. 女儿、父亲工作空间可能拥挤
2. 女儿卧室朝向不好

其他可能性：

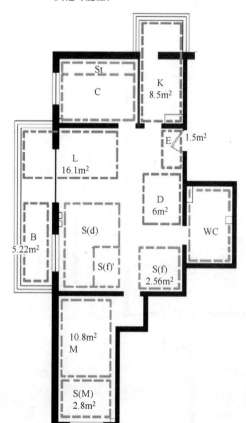
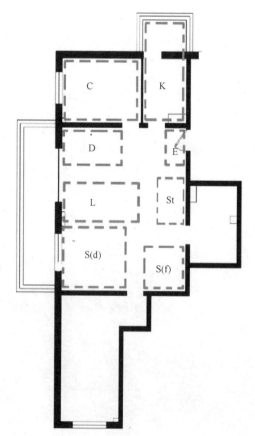

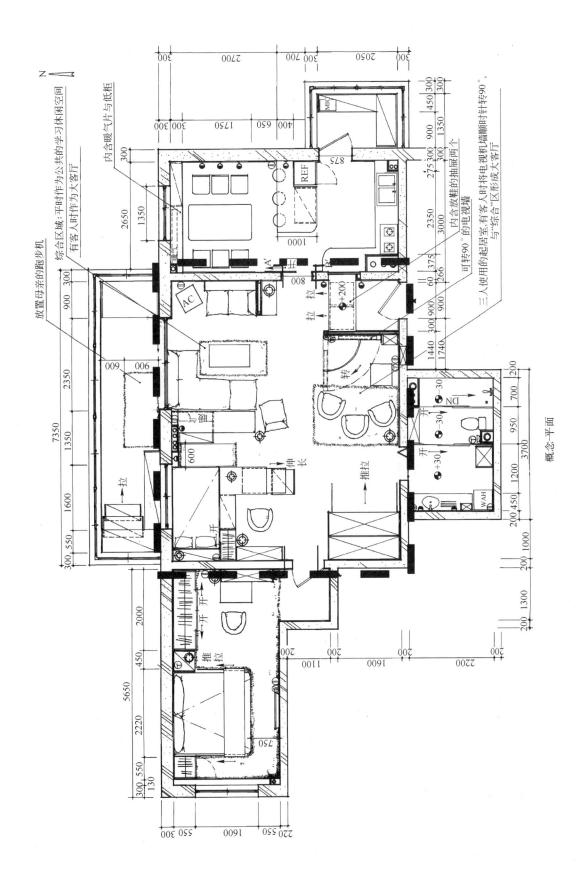

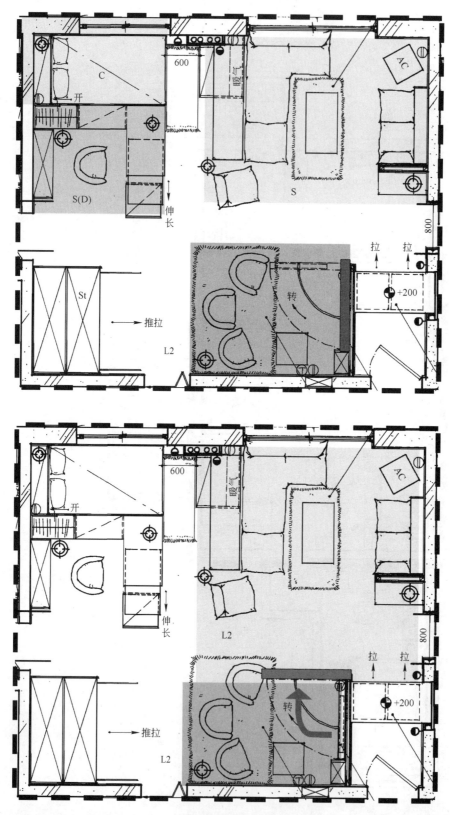

选定区域分析

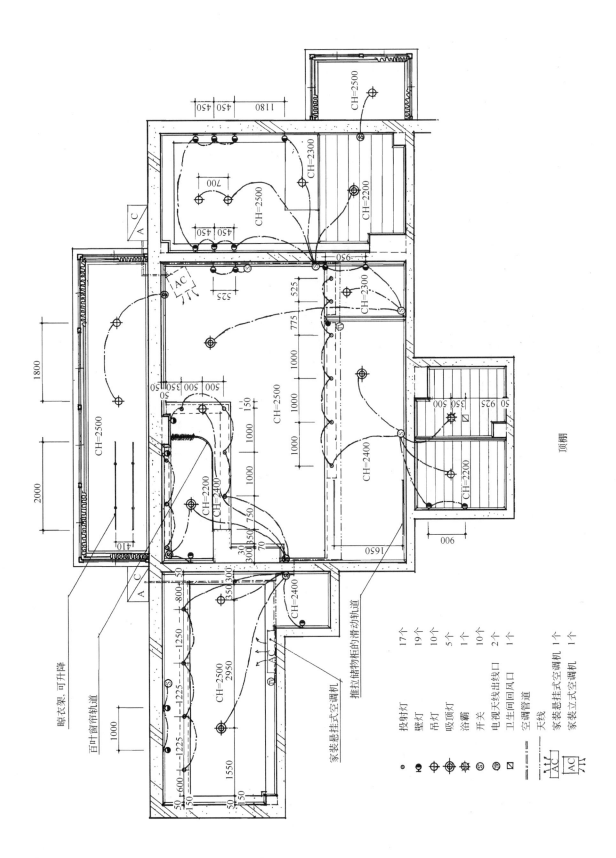

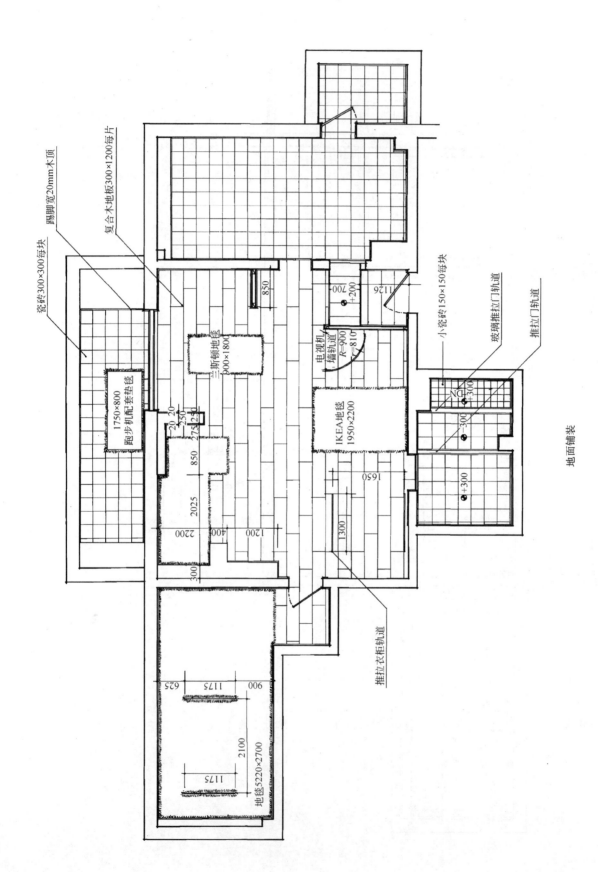

地面铺装

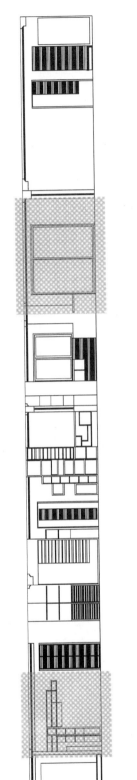

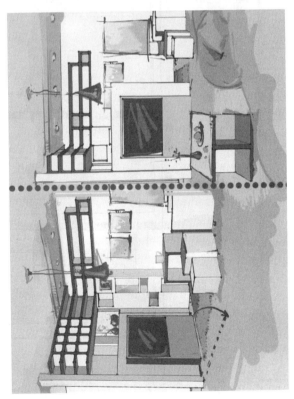

立面的尝试

概念 - 立面
- 平面布置 - 灵活多变 - 功能需要与面积有限的矛盾
- 工作空间较多 - 轻松、富有活力的氛围 - 放松的心情
- 立面风格 - 轻松、温和,适量色彩变奏

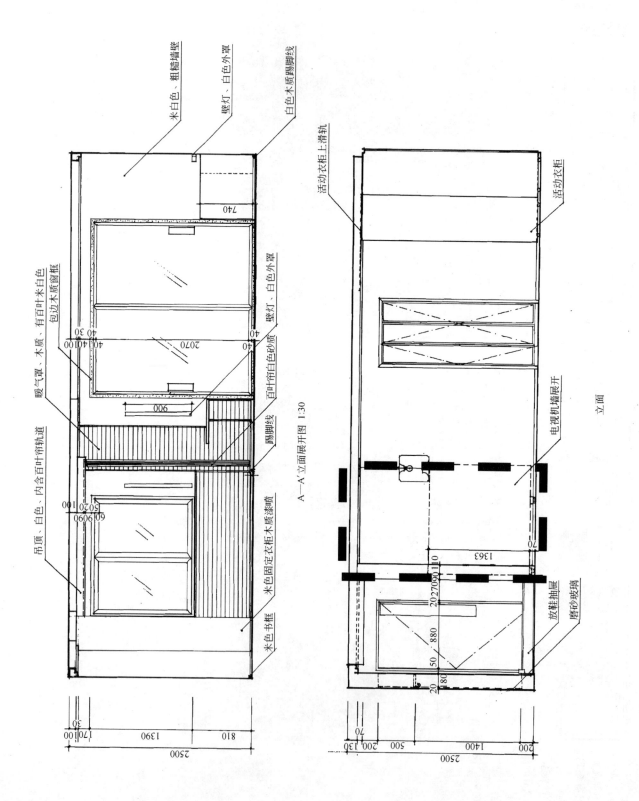

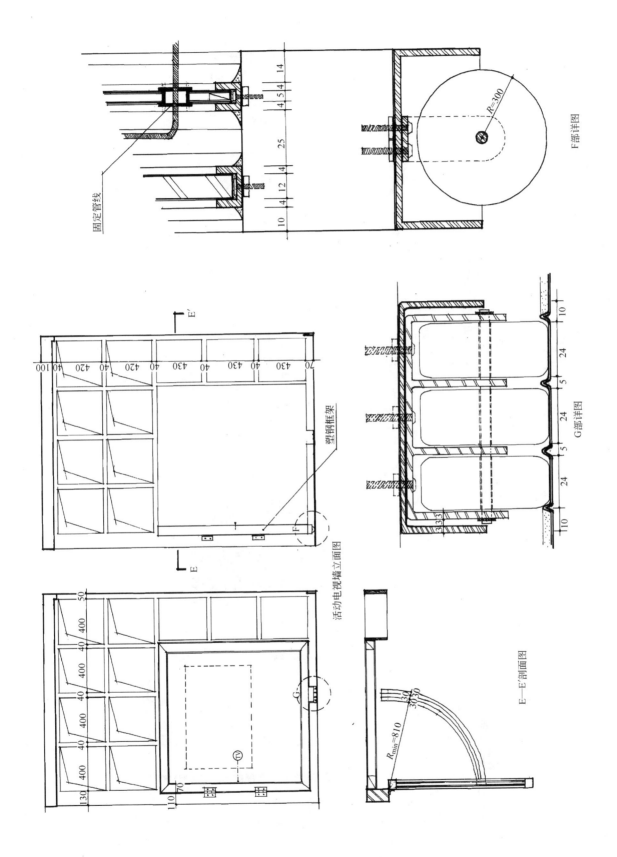

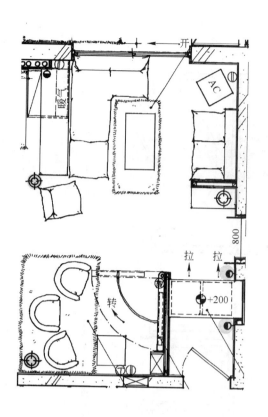

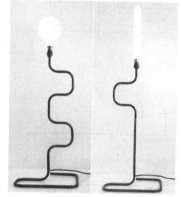

灯具选型

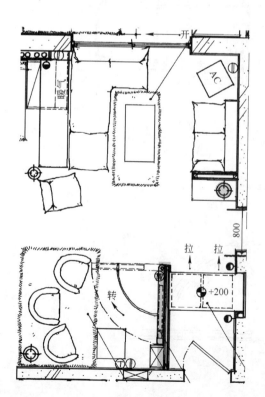

家具选型

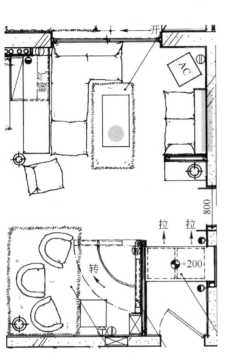

陈设、装饰

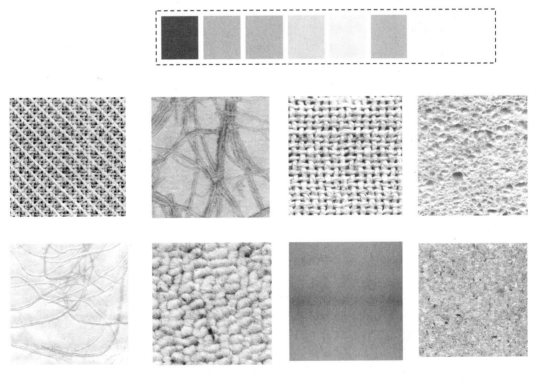

色彩与材质

3.2.4 方案确立后的施工图作业

室内设计方案经委托者通过后,即可进入施工图作业阶段。如果说草图作业阶段以"构思"为主要内容,方案图作业阶段以"表现"为主要内容,施工图作业则以"标准"为主要内容。这个标准是施工的惟一科学依据。再好的构思,再美的表现,如果离开标准的控制则可能面目全非。施工图作业是以材料构造体系和空间尺度体系为其基础的。

一套完整的施工图纸应该包括三个层次的内容:界面材料与设备位置、界面层次与材料构造、细部尺度与图案样式。

界面材料与设备位置在施工图里主要表现在平立面图中。与方案图不同的是,施工图里的平立面图主要表现地面、墙面、顶棚的构造样式,材料分界与搭配比例,标注灯具、供暖通风、给水排水、消防烟感喷淋、电器电讯、音响设备的各类管口位置。常用的施工图平立面比例为1:50,重点界面可放大到1:20或1:10。

细部尺度与图案样式在施工图里主要表现在细部节点详图中。细部节点是剖面图的详解,细部尺度多为不同界面转折和不同材料衔接过渡的构造表现。常用的施工图细部节点比例为1:2或1:1,图面条件许可的情况下,应尽可能利用1:1的比例,因为1:2的比例容易造成视觉尺度判断的误差。图案样式多为平立面图中特定装饰图案的施工放样表现,自由曲线多的图案需要加注坐标网格,图案样式的施工放样图可根据实际情况决定相应的尺度比例。

界面层次与材料构造在施工图里主要表现在剖面图中。这是施工图的主体部分,严格的剖面图绘制应详细表现不同材料和材料与界面连接的构造,由于现代建材工业的发展不少材料都有着自己标准的安装方式,所以今天的剖面图绘制主要侧重于剖面线的尺度推敲与不同材料衔接的方式。常用的施工图剖面比例为1:5。

由于室内设计原本就是从建筑设计中分离出来的专业,因此在施工图的绘制上同属一个体系。当然,室内设计的施工图画法与建筑设计施工图有着较大的差别,主要表现在:室内设计施工图注重界面细部的表现,装修与陈设往往同绘于一图,且文字表述较为详尽。立面图表现层次较多,尺寸标注不拘泥于轴线,而重视空间实体平面的边缘总尺寸,并以此进行材料的具体划分。附图中的前者即是上述画法的典型代表。当前港台或欧美一些国家采用此类画法的较多。我国大陆地区由于室内设计发展相对较晚,目前还没有统一的室内设计国家制图规范,室内设计一般沿用建筑制图规范,局部采用适合室内表现特征的某些画法,这一点务请初学者注意。附图中的后者即是以建筑制图规范为主的室内设计施工图画法。

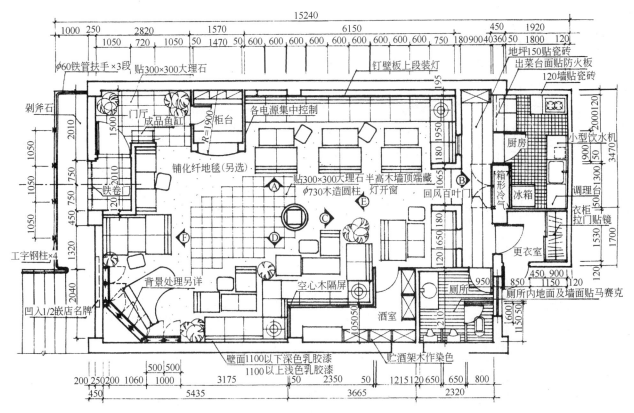

某餐厅平面图

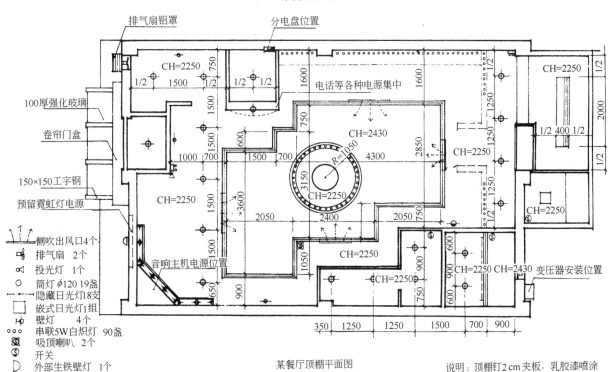

某餐厅顶棚平面图

说明：顶棚钉2cm夹板，乳胶漆喷涂

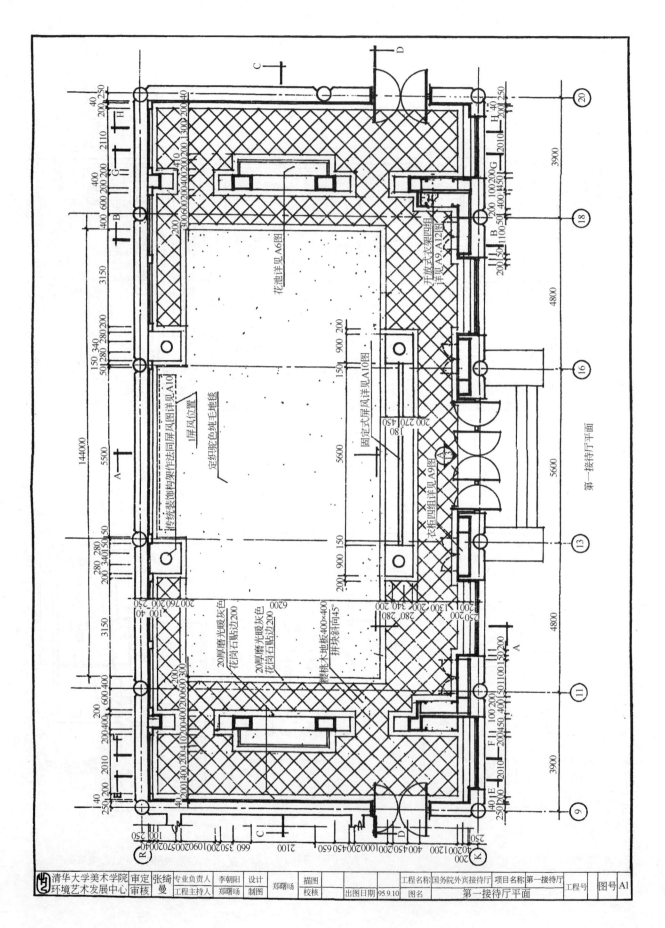

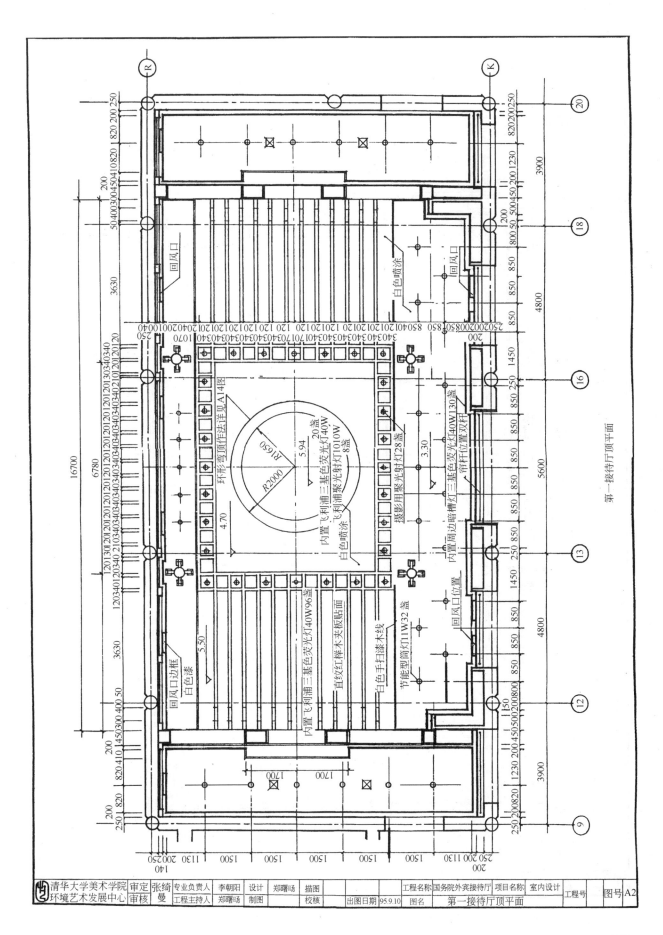

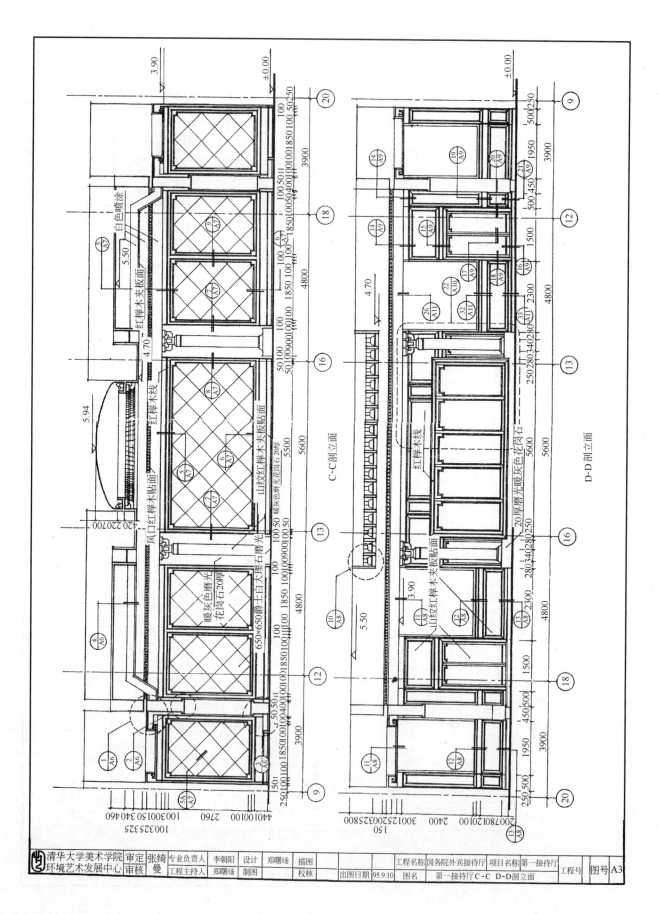

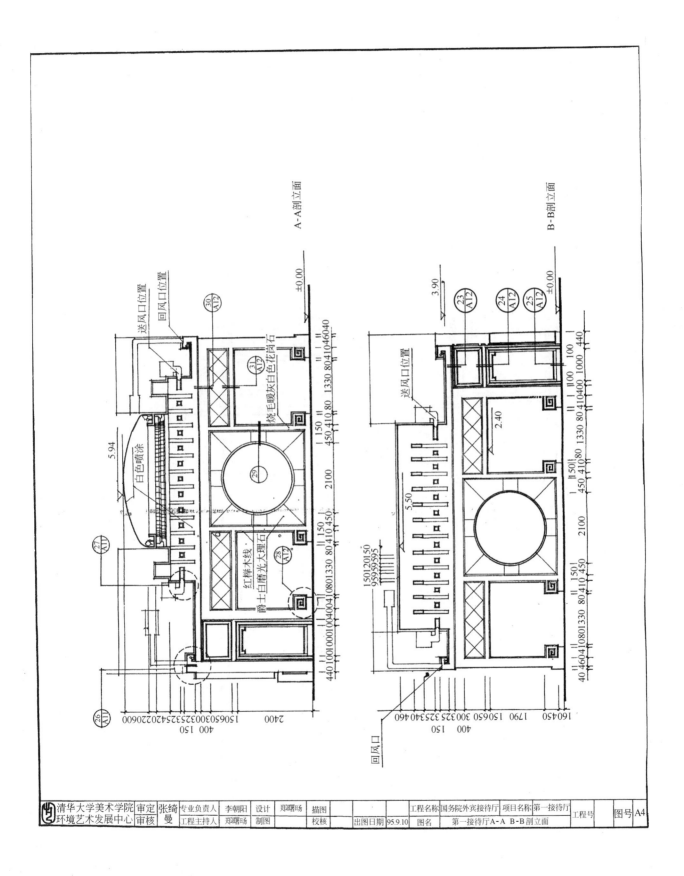

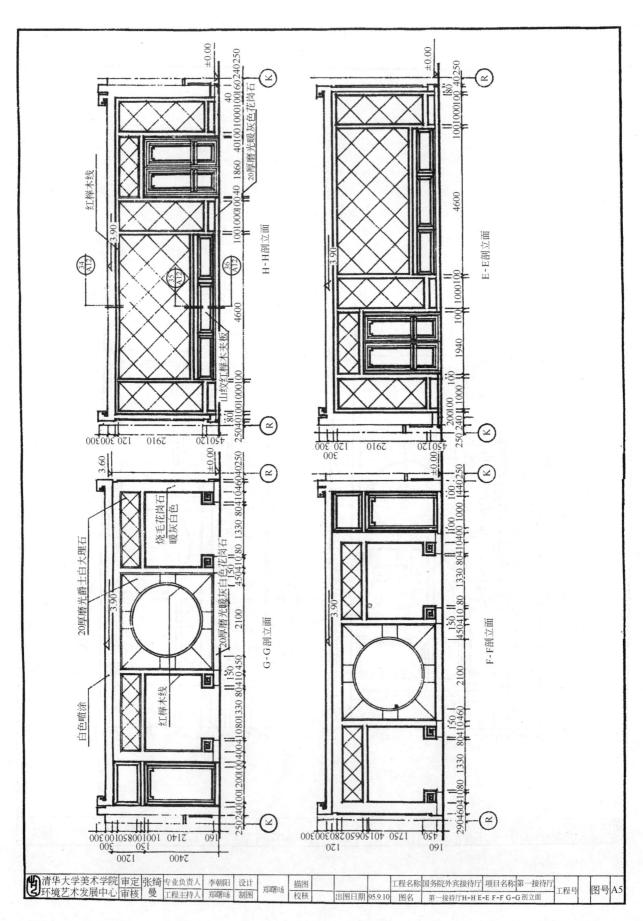

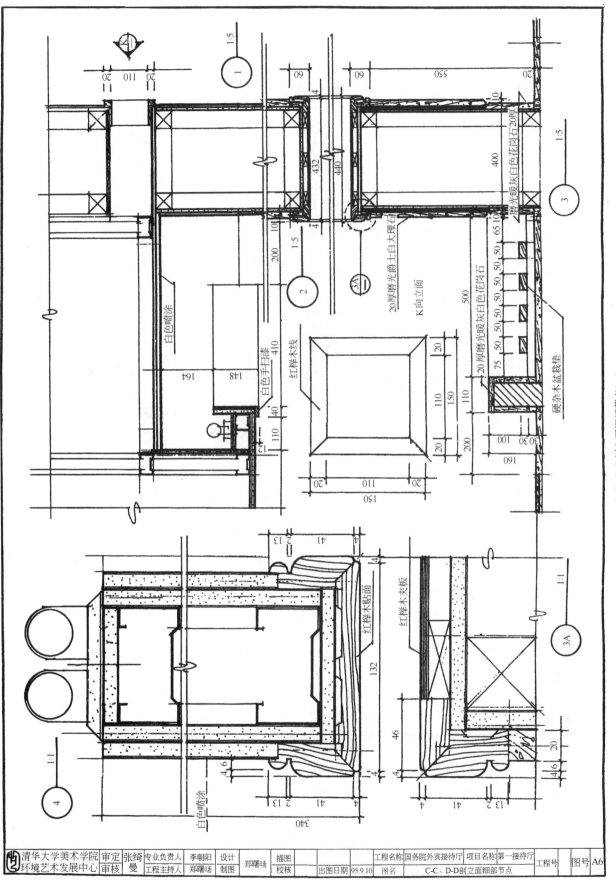

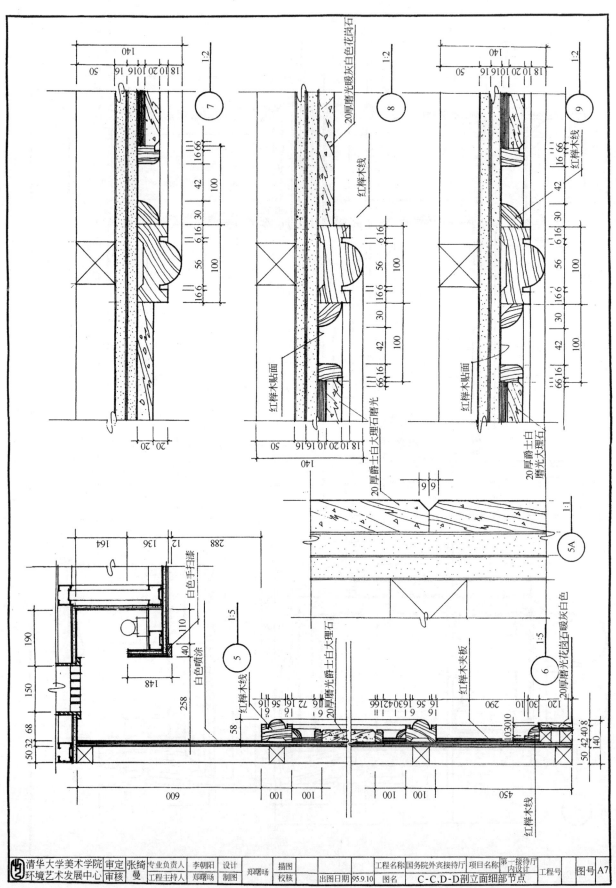

C-C、D-D立面细部节点（三）

"室内设计的图面作业程序"教学要点

　　室内设计的图面作业程序是由设计思维与设计表现两部分内容构成的,作为一个室内设计师设计思维能力的提高需要较长期的努力,而掌握完整的图面作业方法则最好在学校学习阶段基本解决。因此室内设计图面作业的表现技法训练一直是高等学校环境艺术设计专业教学的重要方面。室内设计的表现技法有专门的课程,本节的教学只是在于让学生了解室内设计基本的图面作业程序和一般的作图内容与方法。教学的重点可放在平面功能布局与空间形象构思的草图作业上。

思 考 题

1. 室内设计的图面作业都包括哪些内容?
2. 空间形象构思的思维渠道包括哪些主要方面?

教 学 札 记

作 业 内 容

1. 限定平面的功能布局草图作业。
2. 限定空间大小的空间形象构思概念设计作业。

教 学 札 记

3.3 室内设计的项目实施程序

由于室内设计是一项复杂的系统工程，一个具体的室内设计项目，其项目实施程序对于不同的部门具有不同的内容，物业使用方、委托管理方、装修施工方、工程监理方、建筑设计方、室内设计方虽然最后的目标一致，但实施过程中涉及的内容却有着各自的特点。本套教材的对象主要是针对设计者，因此项目实施程序的内容自然是以室内设计方为主。

以室内设计方为主的项目实施程序涉及到社会的政治、经济，人的道德伦理、心理、生理，技术的功能、材料，审美的空间、装饰等等。室内设计方必须具备广博的社会科学、自然科学知识，还必须具有深厚的艺术修养与专业的表达能力，才能在复杂的项目实施程序中胜任犹如"导演"角色的项目实施设计工作。

室内设计项目实施程序是一项严密的控制系统工程，从项目实施的开始到完成都受到以下几点制约与影响。

以设计方为主的项目实施程序

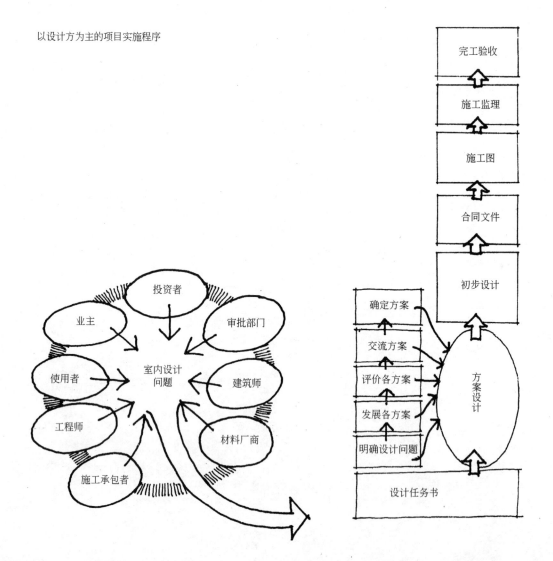

社会的政治经济背景：每一项室内设计项目的确立，都是根据主持建设的国家或地方政府、企事业单位或个人的物质与精神需求，依据其经济条件、社会的一般生活方式、社会各阶层的人际关系与风俗习惯来决定。

设计者与委托者的文化素养：文化素养包括设计者与委托者心目中的理想空间世界，他们在社会生活中所受到的教育程度，欣赏趣味与爱好，个人抱负与宗教信仰等。

技术的前提条件：包括科学技术成果在手工艺及工业生产中的应用，材料、结构与施工技术等。

形式与审美的理想：指设计者的艺术观与艺术表现方式以及造型与环境艺术语汇的使用。

在室内设计项目的实施过程中，室内设计者在受到物质、精神、心理上主观意识的影响下，要想以系统工程的概念和环境艺术的意识正确决策就必须依照下列顺序进行严格的功能分析：

社会环境功能分析
建筑环境功能分析
室内环境功能分析
技术装备功能分析
装修尺度功能分析
装饰陈设功能分析

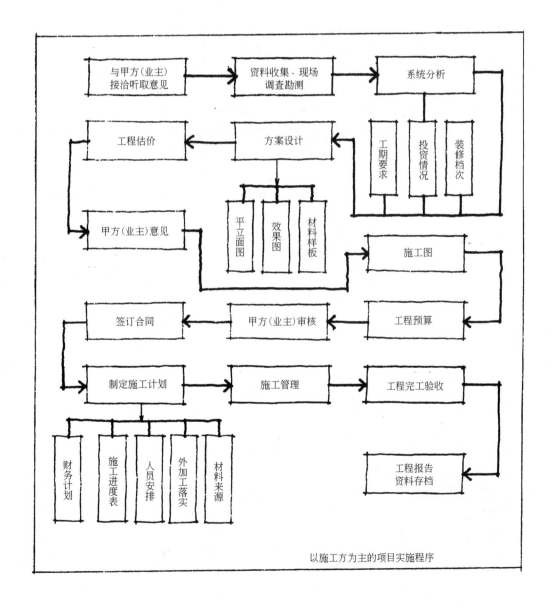

以施工方为主的项目实施程序

3.3.1 设计任务书的制定

室内设计的复杂性决定了项目实施程序制定的难度。这个难度的关键在于设计最终目标的界定，通俗地说就是房间怎样使用怎样装扮，这个最基本问题的决定是否正确，直接关系到项目实施的最后结果。就设计者来讲总是希望自己的设计概念与构思能够完整体现。但在现实生活中房间的使用功能还是占据主导地位，空间的艺术样式毕竟要从属于功能。这就决定设计师不能单凭自己的喜好去完成一个项目。设计师与艺术家的区别就在于：前者必须以客观世界的一般标准作为自己设计的依据；后者则可以完全用主观的感受去表现世界。

所谓设计任务书就是在项目实施之初决定设计的方向。这个方向自然要包括空间设计中物质的功能与精神的审美两个方面。设计任务书在表现形式上会有不同的类型，如意向协议、招标文件、正式合同等等。不管表面形式如何多变其实质内容都是相同的。应该说设计任务书是制约委托方(甲方)和设计方(乙方)的具有法律效应的文件。只有共同遵守设计任务书规定的条款才能保证工程项目的顺利实施。

在现阶段设计任务书的制定应该以委托方(甲方)为主。设计方(乙方)应以对项目负责的精神提出建设性意见供甲方参考。一般来讲设计任务书的制定在形式上表现为以下四种：

(1) 按照委托方(甲方)的要求制定

这种形式建立在甲方成熟的设计概念上，希望设计者忠实体现委托设计者自己的想法构思。加强与甲方的交流，通过沟通思想充分体现甲方的意向，才能在满足甲方要求的基础上，制定完美的设计任务书。

(2) 按照等级档次的要求制定

这种形式根据甲方的经济实力以及建筑本身的条件和地理环境位置所制定。可以按照高、中、低的档次来要求，也可以按照星级饭店的标准来要求。

(3) 按照工程投资额的限定要求制定

这种形式是建立在甲方的投资额业已确定，工程总造价不能突破的前提下来制定的，所以要求设计任务书确定的设计内容在不超支的情况下，设计出能够达到要求的工程效果。

(4) 按照空间使用要求制定

这种形式一般针对专业性强的空间，因此，设计者具有相当的发言权。在设计任务书的制定中，甲方往往会在材料和做工上提出具体意见。

现阶段的设计任务书往往是以合同文本的附件形式出现。应当包括以下主要内容：

工程项目的地点
工程项目在建筑中的位置
工程项目的设计范围与内容
不同功能空间的平面区域划分
艺术风格的发展方向
设计进度与图纸类型

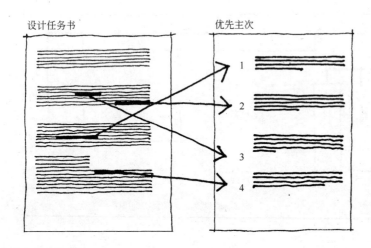

3.3.2 项目设计内容的社会调研

设计任务书制定完成后,接下来的一个重要任务就是项目设计内容的社会调研。设计内容社会调研的深度直接影响到项目概念设计的决策。设计内容的社会调研包括两个方面的工作:项目分析与调查研究。

项目分析

每一项室内设计,根据其空间类型和使用功能,可以从不同的构思概念进入设计。虽然条条道路都可能到达目的地,但如何选取最佳方案,则是颇费脑筋的。因此在正式进入设计角色之前,一定要明确设计任务的要求。对设计项目深入认真的分析,往往会使设计取得成功并达到事半功倍的效果。

设计项目的任务分析,主要从以下五个方面进行:

(1)用户的功能需求分析:各部门的功能关系;各房间所占的面积;使用人数及人流出入情况;喜欢何种风格;希望达到的艺术效果等。

(2)预算情况分析:用户拟投入的资金情况分析;定额情况下的资金分配;高、中、低档次不同标准的资金分配。

(3)环境系统情况分析:建筑所处的位置及环境特点,会对室内产生何种影响;拟采用的人工环境系统及设备情况。

(4)可能采用的设计语汇分析:室内的功能性格,庄严、雄伟还是轻巧、活泼;何种平面语言与之相配,方形、圆形或三角形;采用何种立面构图进行装修,传统样式、地方风格、还是现代构图。

(5)材料市场情况分析:当时、当地的材料种类与价格;材料的市场流通与流行;拟选用的色彩、质地、图案与相应材料的可行程度。

调查研究

设计项目的分析与调查研究的关系密不可分。调查研究不细,分析也就不可能深入。科学的分析结论都是建立在调查研究的基础之上。

调查研究主要从以下几个方面进行:

(1)查阅收集相关项目的文献资料,了解有关的设计原则,掌握同类型空间的尺度关系、功能分区等。

(2)调查同类室内空间的使用情况,找出功能上存在的主要问题。

(3)广泛浏览古今中外优秀的室内设计作品实录,如有条件应尽可能实地参观,从而分析他人的成败得失。

(4)测绘关键性部件的尺寸,细心揣摩相关的细节处理手法,积累设计创作的"词汇"。

尽管如此,任何一个经验丰富的室内设计师,都不可能对所有室内类型中出现的问题了如指掌,因为空间环境的影响因素是很多的。同一类型的室内,也会因各种具体条件的变化而有所不同。所以对于每一个设计师来讲,任何设计项目,任何设计阶段,调查研究都是必不可少的重要环节。

功能分析

资金预算

环境分析

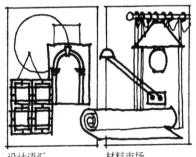
设计语汇　　材料市场

3.3.3 项目概念设计与专业协调

在占有了各种不同的设计信息资源之后，开始进行项目的概念设计应该说是水到渠成。面对一个具体的设计项目，头脑中总要先有一个基本的构思。经过酝酿，产生方案发展总的方向，这就是正式动笔前的概念设计。确立什么样的概念，对整个设计的成败，有着极大的影响。尤其是一些大型项目，面临的影响因素和矛盾就会更多。如果一开始就没有正确的设计概念指导，意图不明，在后来的设计上出现问题就很难补救。

室内工程项目的概念设计，实际上就是运用图形思维的方式，对设计项目的环境、功能、材料、风格进行综合分析之后，所做的空间总体艺术形象构思设计。

在开始进行空间的概念设计时，为了让思维的翅膀不受任何羁绊翱翔于广阔的天空，一般不过早和过多地考虑建筑构造与环境系统设备的制约。可是一旦有了明确的设计概念后，与各专业的协调工作就必须马上进入设计者的思维，并迅速排入急需待办的日程。在图面作业的程序中，与各种相关专业的协调多体现于方案图和施工图，这在以表现为主的具体的制图绘制程序中是合理的。但在项目实施程序中及早与各相关专业协调，则对设计概念的实施具有重要意义。也就是说一旦设计概念与构造设备发生矛盾，就必须通过协调解决，其结果无非是三种：构造设备为设计概念让路；放弃已有设计概念另辟新路；在大原则不变的情况下双方作小的修改。因此，项目概念设计与专业协调是一个成功室内设计必不可少的关键程序。

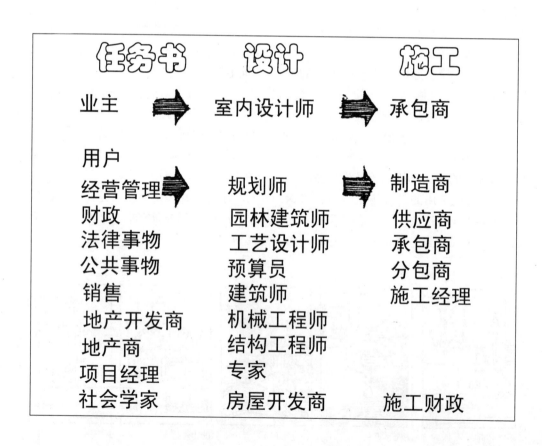

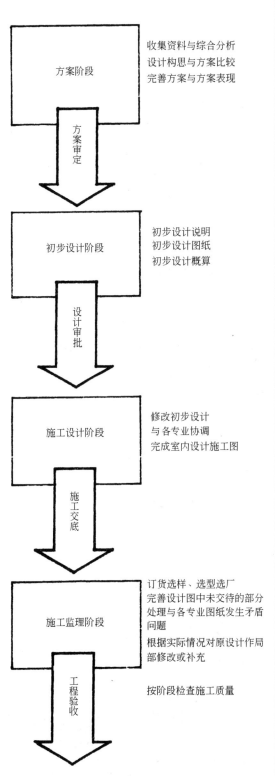

室内设计所涉及的专业系统与协调要点

专业系统	协调要点	与之协调的工种
建筑系统	1. 建筑室内空间的功能要求（涉及空间大小、空间序列以及人流交通组织等） 2. 空间形体的修正与完善 3. 空间气氛与意境的创造 4. 与建筑艺术风格的总体协调	建筑
结构系统	1. 室内墙面及顶棚中外露结构部件的利用 2. 吊顶标高与结构标高(设备层净高)的关系 3. 室内悬挂物与结构构件固定的方式 4. 墙面开洞处承重结构的可能性分析	结构
照明系统	1. 室内顶棚设计与灯具布置、照度要求的关系 2. 室内墙面设计与灯具布置、照明方式的关系 3. 室内墙面设计与配电箱的布置 4. 室内地面设计与脚灯的布置	电气
空调系统	1. 室内顶棚设计与空调送风口的布置 2. 室内墙面设计与空调回风口的布置 3. 室内陈设与各类独立设置的空调设备的关系 4. 出入口装修设计与冷风幕设备布置的关系	设备（暖通）
供暖系统	1. 室内墙面设计与水暖设备的布置 2. 室内顶棚设计与供热风系统的布置 3. 出入口装修设计与热风幕的布置	设备（暖通）
给排水系统	1. 卫生间设计与各类卫生洁具的布置与选型 2. 室内喷水池瀑布设计与循环水系统的设置	设备（给水排水）
消防系统	1. 室内顶棚设计与烟感报警器的布置 2. 室内顶棚设计与喷淋头、水幕的布置 3. 室内墙面设计与消火栓箱布置的关系 4. 起装饰部件作用的轻便灭火器的选用与布置	设备（给水排水）
交通系统	1. 室内墙面设计与电梯门洞的装修处理 2. 室内地面及墙面设计与自动步道的装修处理 3. 室内墙面设计与自动扶梯的装修处理 4. 室内坡道等无障碍设施的装修处理	建筑电气
广播电视系统	1. 室内顶棚设计与扬声器的布置 2. 室内闭路电视和各种信息播放系统的布置方式（悬、吊、靠墙或独立放置）的确定	电气
标志广告系统	1. 室内空间中标志或标志灯箱的造型与布置 2. 室内空间中广告或广告灯箱、广告物件的造型与布置	建筑电气
陈设艺术系统	1. 家具、地毯的使用功能配置，造型、风格、样式的确定 2. 室内绿化的配置方式的品种确定，日常管理方式 3. 室内特殊音响效果、气味效果等的设置方式 4. 室内环境艺术作品（绘画、壁饰、雕塑、摄影等艺术作品）的选用和布置 5. 其他室内物件（公共电话罩、污物筒、烟具、茶具等）的配置	相对独立，可由室内设计专业独立构思或挑选艺术品，委托艺术家创作配套作品

167

3.3.4 确定方案的初步设计阶段

方案的确定应该是建立在明确的概念基础上，在项目实施的程序中确定方案会出现不同的模式。理想的模式是已与甲方签订正式设计合同，可以就设计的概念与甲方进行深入的探讨，确定方案顶多是一个图面作业的反复过程。但在现阶段由于市场经济的竞争机制，由甲方直接委托设计的可能性越来越小。而招标竞标成为确定设计方案的主要模式。在这里严格的投标程序能够保证优秀设计方案脱颖而出，而所谓的议标则存在明显的弊病。

从社会的角度来讲确定方案的过程，决不只是一个纯学术的技术与美学讨论，社会环境的政治、经济、人际关系；人工环境的构造、设备、功能关系都将对确定方案的决策过程产生重大影响。所以说一个具体的项目工程其方案确定必是各种因素高度统一的结果。抛开别的因素不谈，仅指审美因素也是以当时当地社会公众的一般审美情趣为主要依据。因此设计者要想让自己富有创意的超前概念付诸实施，是要付出相当的努力与代价的。

从室内设计的技术角度出发，方案的最终确定还是要经过一个初步设计的阶段，这就是在甲方确定了方案的基本概念之后，进行的室内空间形象与环境系统整合的设计过程。在这个阶段设计者主要是通过室内空间的剖面与立面技术分析，来完善设计方案的全部内容。

3.3.5 施工图阶段的深化设计

经过初步设计阶段的反复推敲，当设计方案完全确定下来以后，准确无误地实施就主要依靠于施工图阶段的深化设计。施工图设计需要把握的重点主要表现在以下四个方面：

（1）不同材料类型的使用特征：设计者不可能做无米之炊，装修材料如同画家手中的颜料，切实掌握材料的特性、规格尺寸、最佳表现方式。

（2）材料连接方式的构造特征：装修界面的艺术表现与材料构造的连接方式有着必然的联系，可以充分利用构造特征来表达预想的设计意图。

（3）环境系统设备与空间构图的有机结合：环境系统设备部件如灯具样式、空调风口、暖气造型、管道走向等等，如何成为空间界面构图的有机整体。

（4）界面与材料过渡的处理方式：人的视觉注视焦点多集中在线形的转折点，空间界面转折与材料过渡的处理成为表现空间细节的关键。

施工图绘制过程的本身就是一个设计深化的极好机会，设计者不要轻易放弃这个过程。委托别人绘制固然减轻了自己的负担，但从设计意图的全面实现来讲毕竟存在着很大的缺陷。至少应该在界面构图与关键性的细部节点上有自己限定性很强的图示。

影响设计方案决策的因素

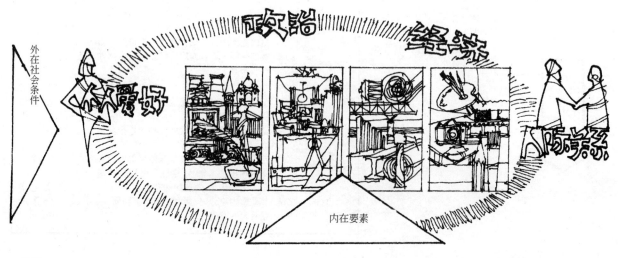

3.3.6 材料选择与施工监理

施工图绘制完成,标志着室内设计项目实施图纸阶段主体设计任务的结束。接下来的工作,主要是与委托设计方和工程施工方的具体协调与指导管理。材料选择与施工监理是项目实施最后阶段的主要工作。

材料选择受到类型、价格、产地、厂商、质量等要素的制约。同时也受到流行时尚的困扰,在一个相对稳定的时间段内,某一类或某一种材料用得比较多。这就是材料流行的时尚。这种流行实际上是人们审美能力在室内装饰设计方面的一种体现。一般来讲,材料的使用总是与不同的功能要求和一定的审美概念相关。似乎很少与流行的时尚发生关系。但是,随着各种新型材料的不断涌现,以及社会的攀比和从众心理,在材料的选择和使用上居然也泛起阵阵流行的浪潮。就设计者来讲,材料是进行室内装修设计最基本的要素,材料应该依据设计概念的界定进行选择,并不一定使用流行的或是昂贵的材料。

材料的色彩、图案、质地是选择的重点,在实际的项目工程中选择材料要切实注意两点:

(1)注重实地选材不迷信材料样板:一般的材料样板,总是用白色之类的纸板衬托且面积较小,在调和色的背衬下任何一种颜色都是好看的,这与实际空间中的色彩运用有较大的区别。

(2)注意天然材料在色彩与纹样上的差异:天然材料尤其是石材,受矿源的影响同一种材料在色彩与纹样上有着很大的差别。

施工监理是项目实施过程中必不可少的一项工作,较大的工程项目通常需聘请专业的施工监理。作为设计者不论有无专业的监理,都要在施工的关键阶段亲临现场指定,尤其是需要现场体验的构造、尺度、色彩、图案等问题。

"室内设计的项目实施程序"教学要点

"室内设计的项目实施程序"是与社会的工程项目有直接关联的内容。这一部分内容作为高等学校的教学存在理论讲授容易,而进行项目的社会实践困难的具体问题。项目实施程序不经过实践的锻炼又不可能真正掌握。作为社会的高级培训,本节内容又略显简单,因此在实际的教学中应根据情况适当增减内容,由任课教师参考相关资料掌握好教学的深度。

思 考 题

1. 室内设计项目实施程序中最关键的环节有哪几项?
2. 设计者在施工监理阶段应重点把握什么环节?

作 业 内 容

1. 编写限定具体项目内容的设计任务书。
2. 编制工程设计项目实施进度表。

附录一 室内设计工程项目分类

第一分部工程：吊顶工程

（一）金属饰面的吊顶工程
1. 铝合金条板吊顶
2. 铝合金扣板吊顶
3. 铝合金方块吊顶
4. 铝合金异块板材吊顶
5. 镜面不锈钢饰面吊顶
6. 压花不锈钢饰面吊顶
7. 镜面不锈钢异体饰面吊顶
8. 金属板烤漆板条吊顶
9. 金属板烤漆异型板吊顶

（二）活动式吊顶
10. 铝合金明龙骨玻纤板饰面吊顶
11. 铝合金明龙骨矿棉板饰面吊顶
12. 铝合金明龙骨装饰石膏板吊顶
13. 铝合金明龙骨石膏板饰面吊顶
14. 喷塑⊥形金属明龙骨玻纤板饰面吊顶
15. 喷塑⊥形金属明龙骨矿棉板饰面吊顶
16. 喷塑⊥形金属明龙骨装饰石膏板吊顶
17. 喷塑⊥形金属明龙骨石膏板饰面吊顶
18. 半嵌式铝合金明龙骨矿棉板饰面吊顶
19. 半嵌式铝合金明龙骨硅钙板饰面吊顶

（三）龙骨隐蔽式吊顶
20. 上人金属龙骨石膏板基层裱贴壁纸吊顶
21. 上人金属龙骨纤维板基层裱贴壁纸吊顶
22. 上人金属龙骨胶合板基层裱贴壁纸吊顶
23. 上人金属龙骨石膏板基层深层饰面吊顶
24. 上人金属龙骨纤维板基层涂层饰面吊顶
25. 上人金属龙骨胶合板基层涂层饰面吊顶
26. 不上人金属龙骨石膏板基层裱贴壁纸吊顶
27. 不上人金属龙骨纤维板基层裱贴壁纸吊顶
28. 不上人金属龙骨胶合板基层裱贴壁纸吊顶
29. 不上人金属龙骨石膏板基层深层饰面吊顶
30. 不上人金属龙骨纤维板基层涂层饰面吊顶
31. 不上人金属龙骨胶合板基层涂层饰面吊顶
32. 木龙骨刷防火漆石膏板基层裱贴壁纸（或涂层饰面）吊顶
33. 木龙骨刷防火漆纤维板基层裱贴壁纸（或涂层饰面）吊顶
34. 木龙骨刷防火漆胶合板基层裱贴壁纸（或涂层饰面）吊顶
35. 木龙骨刷防火漆石膏板基层（或胶合板基层）镶（或粘）镜面玻璃吊顶
36. 木龙骨刷防火漆石膏板基层（或胶合板基层）镶（或粘）安全镜面玻璃吊顶
37. 金属龙骨石膏板基层（或胶合板基层）镶（或粘）镜面玻璃吊顶
38. 金属龙骨石膏板基层（或胶合板基层）镶（或粘）安全镜面玻璃吊顶

（四）敞开式吊顶
39. 金属型材龙骨，金属网饰面吊顶
40. 金属网格单元体装配吊顶
41. 金属型材龙骨木格子吊顶
42. 木质网格单元体装配吊顶
43. 板条（木质、金属）悬挂吊顶
44. 吸声体悬挂吊顶
45. 组合灯具悬挂吊顶
46. 藤条造型悬挂吊顶
47. 竹材吊顶
48. 织物软雕塑吊顶

第二分部工程：墙、柱面工程

（一）天然石材饰面
1. 大理石墙、柱面
2. 花岗石墙、柱面
3. 青石板墙、柱面
4. 蘑菇石墙、柱面
5. 各种天然碎石拼花墙、柱面

（二）人造石材饰面
6. 人造大理石墙、柱面
7. 剁斧石墙、柱面
8. 水磨石墙、柱面
9. 瓷砖、釉面砖、马赛克墙、柱面
10. 其他

（三）金属板墙、柱面
11. 镜面不锈钢柱、墙面
12. 亚光不锈钢板墙、柱面
13. 压花不锈钢墙、柱面
14. 金属板涂层饰面墙、柱面
15. 金属烤漆板墙、柱面
16. 金属板表面喷氟碳聚合物涂料墙、柱面
17. 黄铜板墙、柱饰面
18. 铜花墙、柱饰面
19. 细不锈钢管饰墙、柱面

（四）玻璃饰面
20. 镜面玻璃墙、柱饰面
21. 茶色玻璃墙、柱饰面
22. 磨砂艺术玻璃隔断墙
23. 彩绘玻璃墙柱面
24. 玻璃屏风

（五）玻璃幕墙
25. 金属型材骨架玻璃幕墙
26. 幕墙专用型材骨架幕墙
27. 隐形骨架玻璃幕墙
28. 无金属骨架玻璃幕墙
29. 多层建筑玻璃幕墙
30. 高层建筑玻璃幕墙
31. 超高层建筑玻璃幕墙
32. 镜面反射玻璃幕墙
33. 染色玻璃幕墙
34. 玻璃幕墙建筑

（六）复合涂层墙、柱饰面
35. 浮雕式大点、压花水性面漆饰面
36. 浮雕式大点压花油性面漆饰面
37. 浮雕式大点压花、合成乳液喷点料水性面漆饰面
38. 浮雕式大点压花、白水泥喷点料水性面漆饰面
39. 浮雕式大点压花、合成乳液喷点料油性面漆饰面
40. 浮雕式大点衬花、白水泥喷点料油性面漆饰面
41. 浮雕式喷涂中点衬花、合成乳液喷点料水性面漆饰面
42. 浮雕式喷涂中点不压花、合成乳液喷点料水性面漆饰面
43. 浮雕式喷涂中点压花白水泥喷点料油性面漆饰面
44. 浮雕式喷涂中点不压花白水泥喷点料油性面漆饰面
45. 浮雕式喷涂小点不压花白水泥喷点料油性面漆饰面
46. 浮雕式喷涂小点不压花合成乳液喷点料水性面漆饰面
47. 彩色多彩花纹漆饰面
48. 刷磁漆显木纹基底饰面

（七）涂层饰面墙、柱
49. 金属面刷漆饰面
50. 木基层涂漆饰面
51. 清漆磨退饰面
52. 铜漆饰面
53. 油漆假木纹饰面
54. 油漆花纹饰面

（八）裱贴壁纸墙、柱
55. PVC壁纸裱贴墙、柱面
56. 高发泡壁纸裱贴墙、柱面
57. 低发泡壁纸裱贴墙、柱面
58. 金属壁纸裱贴墙、柱面
59. 纺织壁纸裱贴墙、柱面
60. 特殊性能（防水、防磨、香味等）壁纸裱贴墙、柱面
61. 布基壁纸饰面
62. 草编壁纸饰面
63. 风景画壁纸饰面
64. 玻璃纤维布壁纸饰面

（九）木饰面墙、柱

65. 水曲柳夹板墙、柱面
66. 柚木板墙、柱面
67. 夹板基层表面粘柚木皮饰面
68. 白木板饰面
69. 雀眼木饰面
70. 夹板基层塑料板饰面
71. 夹板基层防火板饰面
72. 夹板基层保丽板饰面
73. 夹板基层富丽板饰面
74. 复合刨花板饰面

(十) 轻质隔断墙

75. 赤晓隔断板墙面
76. 泰柏板隔断
77. 石膏板隔断
78. 石膏板内放岩棉隔断墙
79. 灰砂砖隔断墙
80. 珍珠岩保温砖隔断墙
81. 岩棉板隔断墙
82. 夹板隔断墙
83. 纤维板隔断墙

(十一) 特殊性能墙、柱面

84. 石膏板穿孔内放玻纤绵地棉吸声墙、柱面
85. 金属板穿孔内放吸声材料墙、柱面
86. 夹板穿孔内放吸音材料墙、柱面
87. 纤维板穿孔内放吸声材料墙、柱面
88. 铝合金板穿孔内放吸声材料墙、柱面
89. 钙塑板空孔内放吸音材料墙、柱面
90. 粘贴泡沫塑料板墙面

(十二) 装饰布饰面墙、柱

91. 天然纤维(棉、麻、丝等)墙布
92. 人造纤维(尼龙、腈纶、涤纶)墙布
93. 混合纤维(两种以上天然或人造纤维混合织物)墙布
94. 印花织物墙布
95. 提花织物墙布
96. 花色纱墙布
97. 无纺墙布
98. 植绒墙布
99. 粘胶型墙布
100. 仿金属面墙布
101. 仿皮草面墙布
102. 真皮(羊皮等)墙布

第三分部工程：楼、地面饰面工程

(一) 地毯饰面

1. 天然纤维(棉、麻、毛等)地毯
2. 人造纤维(尼龙、腈纶、涤纶等)地毯
3. 混纤(两种以上天然或人造纤维混合编织)地毯
4. 素色纤维地毯
5. 混色纤维地毯
6. 彩色(艺术图案)地毯
7. 圈毛地毯
8. 短毛地毯
9. 长毛地毯
10. 无纺地毯(地毡)
11. 50cm×50cm 方块地毯
12. 异形尺寸地毯
13. 塑料地毯
14. 橡胶地毯

(二) 塑料地板

15. 方块塑料地板
16. 卷材塑料地板
17. 防静电塑料地板
18. 防滑塑料地板
19. 防腐蚀塑料地板

(三) 天然石材地面

20. 镜面花岗石地面
21. 镜面大理石地面
22. 花岗石一遍(二遍或三遍剁斧地面)
23. 火烧石地面
24. 毛面青石板地面
25. 磨光青石板地面
26. 碎花岗石板拼花地面
27. 碎大理石板拼花地面
28. 拼图案大理石地面
29. 拼图案花岗石地面
30. 花岗石踏步板镶金刚砂防滑条
31. 花岗石踏步板镶铜(或不锈钢)防滑条
32. 大理石踏步板镶金刚砂防滑条
33. 花岗石踏步板镶钢(或不锈钢)防滑条
34. 其他

(四) 地砖地面

35. 釉面地砖地面
36. 拼花釉面地砖地面

37. 红缸砖地面
38. 彩色水泥预制块地面
39. 马赛克地面
（五）水磨石面层地面
40. 现制普通水磨石地面
41. 现制彩色水磨石地面
42. 现制拼花美术水磨石地面
43. 现制拼花美术水磨石地面
44. 预制水磨石板地面
45. 现制普通水磨石踏步板
46. 现制彩色水磨石踏步板
47. 现制彩色美术水磨石踏步板
（六）木地板
48. 柚木地板
49. 硬柞木地板
50. 企口柚木地板
51. 企口硬柞木地板
52. 双层木地板（带木基层）
53. 枫木条形木地板
54. 席纹木地板
55. 拼花木地板
（七）特殊构造地面
56. （歌舞厅）舞台伸缩地面
57. 舞厅发光地板
58. 超净空间架空塑料地板
59. 超净空间架空地毯地板
60. 不饱和聚酯防腐地面
61. 环氧树脂防腐地面

第四分部工程：门窗工程

（一）推拉窗
1. 90系列铝合金推拉窗
2. 70系列铝合金推拉窗
3. 塑料推拉窗
4. 彩色喷塑推拉窗
（二）平开窗
5. 38系列铝合金平开窗
6. 实腹钢侧窗
7. 空腹钢侧窗
8. 木平开窗
（三）悬窗
9. 上悬铝窗
10. 下悬铝窗
11. 上悬钢窗
12. 下悬钢窗
13. 上悬木窗
14. 下悬木窗
15. 中悬木窗
16. 中悬铝窗
17. 中悬钢窗
（四）固定窗
18. 铝合金固定窗（铝通框）
19. 铝合金固定窗（70或90系列框）
20. 木固定窗
21. 空腹钢型材固定窗
22. 实腹钢型材固定窗
（五）百叶窗
23. 木百叶窗（刷清漆）
24. 木百叶窗（刷混油）
25. 铝合金百叶窗
26. 模压塑料板百叶窗
（六）窗花
27. 铝合金窗花
28. 方钢窗花刷漆
29. 圆钢窗花刷漆
30. 金属网窗花
（七）推拉门
31. 铝合金推拉门
32. 实心柚木推拉门
33. 夹板推拉门
34. 钢木推拉门
35. 豪华推拉门（轨道在上面）
（八）平开门
36. 铝合金平开门
37. 铝合金下半部镶板平开门
38. 实心木门（平开）
39. 镶板平开门
40. 钢门（平开）
41. 喷塑平开门
42. 塑料平开门
43. 平板门（平开）
（九）转门
44. 木框旋转门
45. 铝合金框旋转门
46. 不锈钢框旋转门
47. 铜框旋转门

48. 全钢化玻璃旋转门

（十）自动门

49. 全玻自动门
50. 不锈钢框自动门
51. 铝合金框自动门

（十一）弹簧门

52. 钢化玻璃弹簧门
53. 铝合金弹簧门
54. 木弹簧门

第五分部工程：装饰屋面工程

1. 锥体采光顶棚
2. 圆拱采光顶棚
3. 彩色玻璃钢屋面
4. 彩色镁质轻质板屋面
5. 中空玻璃采光顶棚
6. 钢丝玻璃采光顶棚
7. 夹胶玻璃采光顶棚
8. 钢化玻璃采光顶棚
9. 有机玻璃屋面
10. 塑料板顶棚
11. 彩色屋面板
12. 镀锌铁皮屋面

第六分部工程：楼梯及楼梯扶手工程

1. 不锈钢扶手玻璃栏板
2. 黄钢管扶手玻璃栏板
3. 柚木扶手玻璃栏板
4. 铝合金扶手镶有机玻璃栏板
5. 铝合金扶手镶钢化玻璃栏板
6. 木扶手铸铁花饰立柱
7. 木扶手方钢立柱刷漆
8. 木扶手不锈钢管立柱
9. 铝合金扶手
10. 铝合金扶手不锈钢管立柱
11. 木扶手镶贴面板栏板
12. 铝合金扶手镶贴面板栏板
13. 不锈钢扶手镶贴面板栏板
14. 黄铜扶手镶贴面板栏板

第七分部工程：细部装饰工程

1. 铜花饰
2. 不锈钢花饰
3. 木雕花饰
4. 石膏花饰
5. 吊顶（各种规格）木封边条
6. 墙面不锈钢收口条
7. 墙面铜收口条
8. 墙面木收口条
9. 窗帘盒表面涂漆
10. 窗帘盒表面裱贴壁纸
11. 铝合金风口
12. 木风口
13. 卫生间镶镜
14. 不锈钢浴巾杆
15. 不锈钢毛巾杆
16. 卫生间洗手盆大理石台座
17. 房间嵌墙壁柜
18. 柚木窗台板
19. 大理石窗台板
20. 铝合金窗台板
21. 塑料踢脚板
22. 柚木踢脚板
23. 胶合板踢脚板
24. 地砖踢脚板
25. 水泥砂浆基层表面涂漆踢脚板
26. 室内胶合板骨架、外贴大理石花槽
27. 室内胶合板骨架、外刷漆饰面花槽
28. 镀锌铁皮花槽内衬
29. 不锈钢板花槽内衬

附录二 室内设计工程预算造价的组成

室内设计工程预算造价	直接费	人工费	① 生产工人的基本工资 ② 生产工人的辅助工资 ③ 生产工人工资附加费 ④ 生产工人劳动保护费	工程预算成本
		材料费		
		施工机械使用费		
		其他直接费	① 冬雨季施工增加费 ② 夜间施工增加费 ③ 流动施工津贴 ④ 因场地狭小等特殊情况而发生的材料二次搬运费 ⑤ 生产工具用具使用费 ⑥ 检验实验费 ⑦ 工程定位复测、工程点交、场地清理费用	
	间接费	施工管理费	① 工作人员工资 ② 工作人员工资附加费 ③ 工作人员劳动保护费 ④ 职工教育经费 ⑤ 办公费 ⑥ 差旅交通费 ⑦ 固定资产使用费 ⑧ 行政工具用具使用费 ⑨ 利息 ⑩ 其他费用	
		其他间接费	① 临时设施费 ② 劳动保险基金	专用基金
	计划利润	技术装备费		
		法定利润		利润
	税　金			税　金

附录三　室内设计招标投标的一般程序

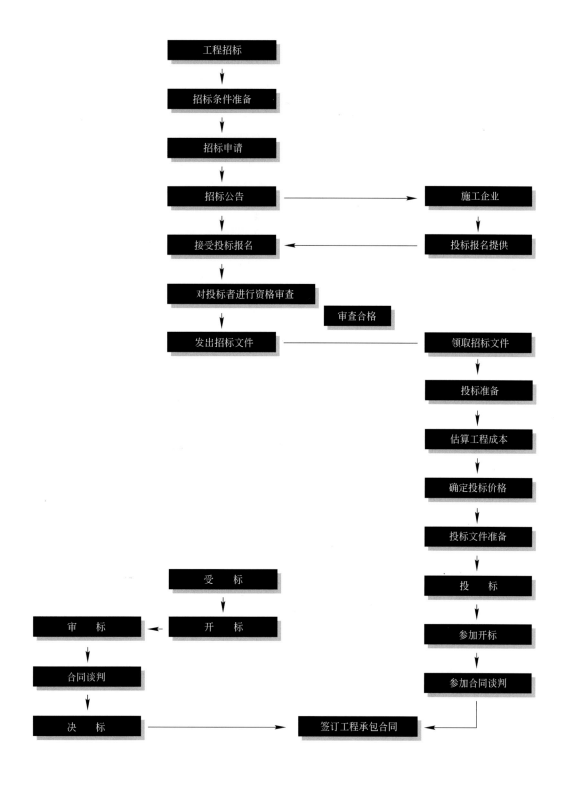

室内设计课程作业1

"我的家"室内设计
——怀旧的民间乡土风格

指导教师：郑曙旸　　班级：06级环艺室内　　学生：刘晓静

设计程序：

- 1.设计任务书（户型信息、家庭信息、发展预测等）
- 2.风格界定（怀旧的民间乡土风格）
- 3.初步设计（图形概念、功能分区、1:100平面功能布局方案）
- 4.方案确立（优选方案，平、立、剖、节点、天花图1:50）
- 5.陈设设计（家具、灯具、织物、摆件、绿植、电器、建材）
- 6.最终效果（效果图表现）

一、设计任务书

1. 户型信息：

楼盘位置	浙江省杭州市西湖区桂花城初阳苑
户型	三室两厅一厨两卫（跃层）
面积	136㎡
朝向	朝南
楼层：	3楼
周围大环境：	学校、公园、幼儿园、超市、停车场、银行、公交车站、农贸市场、医院、体育中心
采暖方式：	中央空调
其他：	一梯两户 有电梯

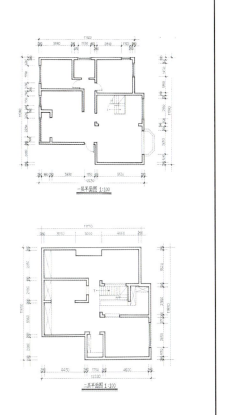

2. 家庭成员信息：

	爸爸	妈妈	我	未来丈夫
年龄	45	44	21	21
性别	男	女	女	男
职业	教师	会计	学生	学生
性格	稳重，倔强，话很多，喜欢吹牛	勤快、有洁癖、爱做家务、唠叨	活泼、外向、老想搞点新鲜事做做	内向、含蓄、低调、责任心强
爱好	喜欢看书，有很多书、上网、看足球、下棋	看电视、讲卫生、做家务、睡觉	画画、看电影、看杂志、做小手工玩玩	足球、运动、看书、打牌
生活习惯	晚睡早起，不在家吃早饭；不爱洗澡	生活很规律，晚饭后喜欢散步；晚上看会电视就睡	喜欢晚起晚睡；早饭基本不吃；不太讲卫生	生活井井有条，作息有规律，爱干净，早睡早起
家庭中心	是	否	是	否

3. 主流生活方式：

属于不好客的类型

因为妈妈爱干净，所以不太喜欢客人经常来家。且爸爸妈妈的社会人脉网络较为单一，熟人好朋友也不多，造访的人主要为亲戚和邻居。

我和丈夫也属于不太好客型，喜欢在家里忙点自己的事，可能有少数的同事朋友来访，但不经常。

4. 时间的利用：

工作日晚上为主，周末全天在家

白天全家人都上班，只有中午会在家吃午饭和进行短时间的午休，晚上是全家人主要的活动时间。做晚饭、吃晚饭、看电视、看书学习、会客等基本都在晚上进行。

5. 发展性预测

- 开始是我跟爸爸妈妈一起住；
- 后来，我结婚，但是可能一时没有很多的钱购置新房，所以，先跟丈夫继续跟爸爸妈妈一起住；
- 等有一定经济基础和有了小孩时，再搬出去另住，爸爸妈妈就在此长住。但我会经常来家看望爸妈并在此短时间居住。

6. 固定装修的可能性

1. 入口玄关
2. 电视背景墙

二、风格界定

——怀旧的民间乡土风格

生活，生活在一种**怀旧**的态度里，用慢来诠释一切，并用传统乡土的活跃喜庆来调节。**朴实生动**，带给你一种**粗拙**的惊喜。

1. 色彩意向：

自然的原木色、棕灰色、茶色、米色是环境的主体色调，期间掺杂着陈设摆件带来的**鲜活喜庆**的色彩。

2. 材质意向：

尽量采用自然材料，
如木材、石材、草编、棉质、
麻质、贝壳等

3. 装修方式意向：

- **采取轻装修重装饰的方式**

  加入一些中国**民间**的活泼元素，如民间玩具、手工艺小品及质朴的瓶瓶罐罐等，来丰富和点缀空间，让**温情朴拙**的空间里有点"**活泼喜庆**"的色彩。

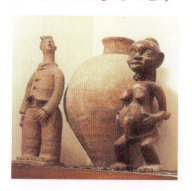

三、初步设计

1. 各功能区关系分析
（考虑使用者的习惯和户型实际情况）

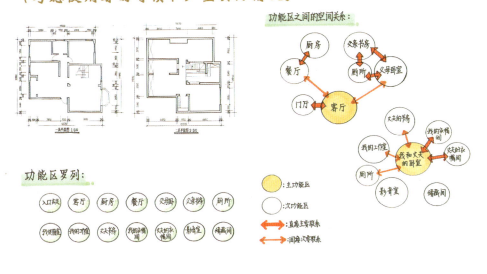

2. 功能区划分及动线设计
（空间功能定位、空间属性定位、各功能区之间的空间关系）

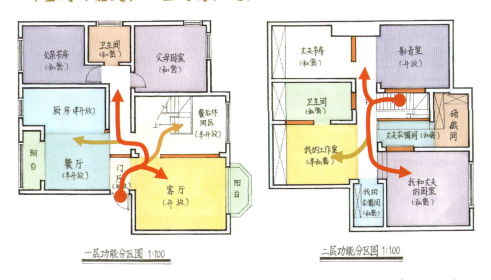

不同的颜色代表不同的功能分区，橘红色的墙体代表添加的墙体或隔断

3. 各房间功能需求罗列及与使用者习惯的关系
（功能需求、使用者、使用时间、使用频率）

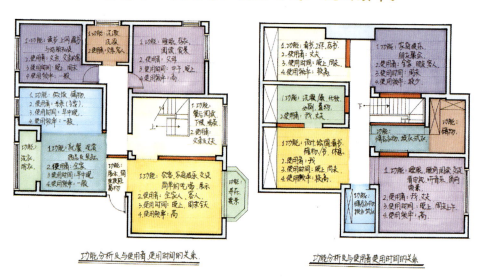

4. 1:100平面设计草图方案
（方案一、方案二）

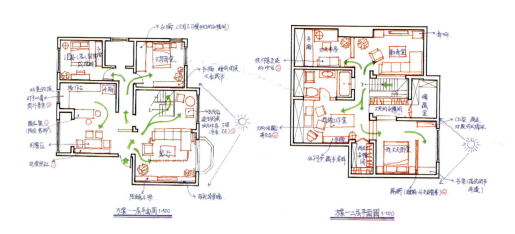

家具大致摆放设计，结合使用者的习惯，进行深入考虑

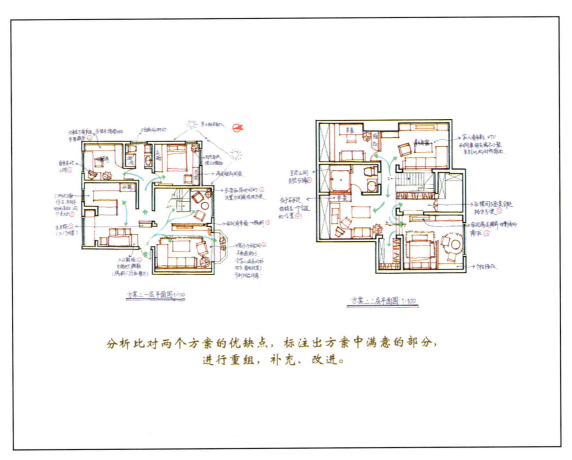

分析比对两个方案的优缺点，标注出方案中满意的部分，进行重组，补充、改进。

四、方案深化及确立

1. 平面图设计深化及确定

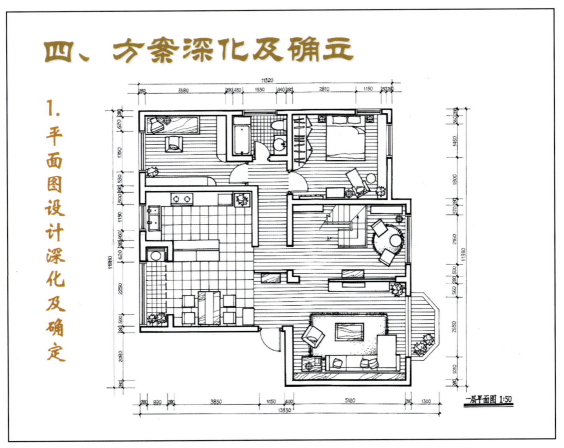

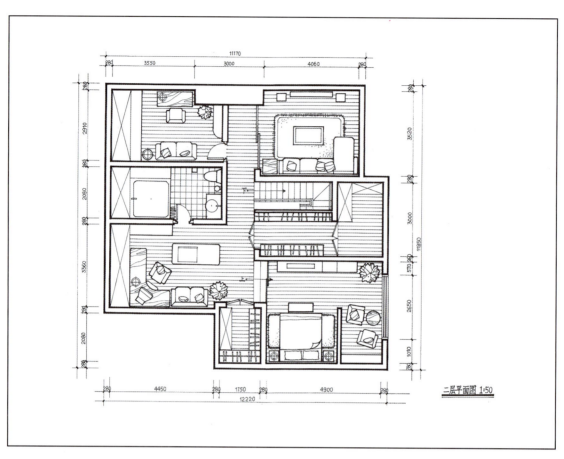

二层平面图 1:50

2. 天花灯位图设计与确定

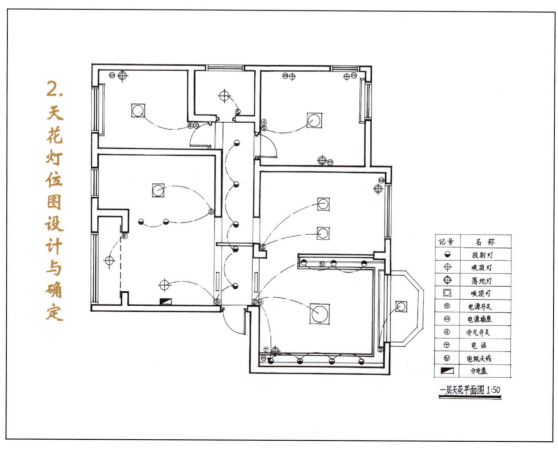

一层天花平面图 1:50

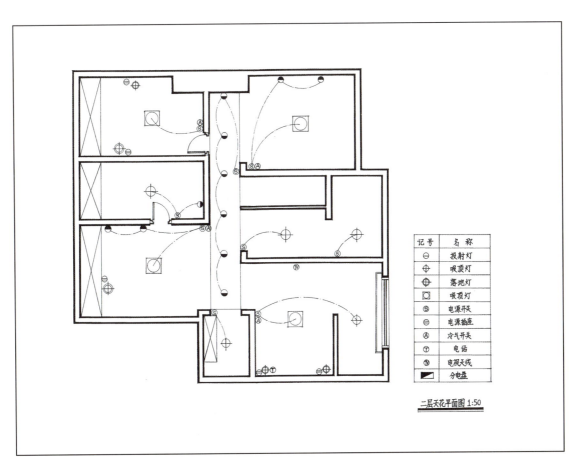

二层天花平面图 1:50

3. 选定客厅做深入设计（1:40）

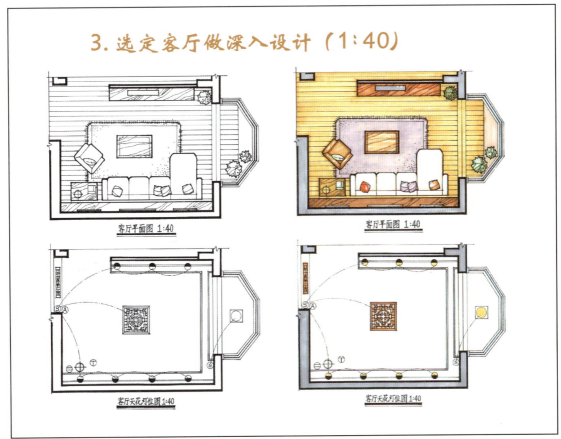

客厅平面图 1:40　　客厅平面图 1:40

客厅天花灯位图 1:40　　客厅天花灯位图 1:40

(1) 立面图设计深化及确立

东立面图 1:40

南立面图 1:40

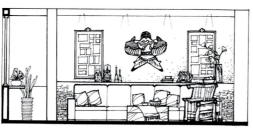
西立面图 1:40

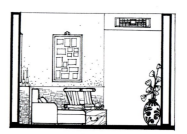
北立面图 1:40

(2) 色彩、材质意向在立面中的体现

东立面图 1:40

南立面图 1:40

西立面图 1:40

北立面图 1:40

（3）剖面图与节点设计

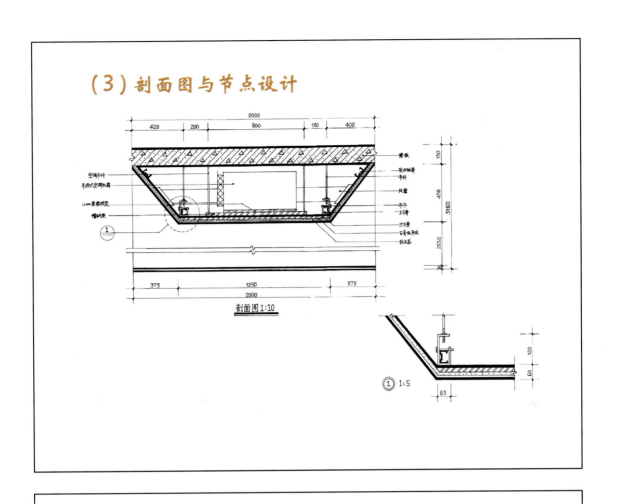

五、客厅陈设设计
（家具、织物、摆件、绿植等）

1. 家具：
（沙发、单人椅、电视柜、茶几、边几）

选择米白色的**棉麻质沙发**；单人椅为**竹制**，较随意。

茶几、边几、电视柜均采用民间老式家具，**旧物新用**，设计赋予它们新的生命。

边几：原木色

茶几：老式箱子，红棕色　　　电视柜：老式的长矮柜，深红棕色

2. 台面摆件：
（置于电视机、背景墙、茶几、边几、靠墙台面上）

电话及灯具：
采用较为**旧式**的电话；以及**马灯**，既满足使用需求，又作为艺术陈设，一举两得。

水果托盘及小食器：
采用粗拙的**石碗**和有剪纸图案的**木坯碗**，别有情趣。

艺术品：（民间玩具、土陶器、烛台等）

3. 壁面挂饰（风筝、年画、旧照片等）

风筝和**年画**是家乡潍坊最具特色的手工艺品，这样的挂饰充分考虑了使用者的审美习惯和喜好。

4. 绿植与插花
（置于电视柜旁和靠墙台面）

采用**莲蓬**做主要绿植插花，包括干插花和鲜插花。在阳台置有君子兰。

5. 织物（窗帘、地毯、桌旗、靠垫）

窗帘采用透光较好的麻质窗帘，地毯采用粗毛低簇绒单色地毯，靠垫多采用**民间图案**。

6. 天花吊顶装饰（花窗格）

采用传统建筑装饰中的**花窗格**作为吊顶装饰，并巧妙利用它作为空调通风口的遮挡，**既可通风，又美观**。

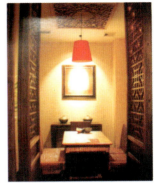

7. 壁面材料（石材电视背景墙、土坯墙、红砖饰面）

整个墙面给人一种朴拙的感受，让人想起**山东老家的温暖**，可以说，墙面为整体风格的定位打下了基调。

物品购买清单（家具、织物、灯具、建材、开关插座）

表1：家具类

名称	数量	品牌型号	材质颜色	尺寸(mm)	价格（元）
沙发	1	写意空间 URBANI	棉麻、化纤；米白色	3200×2480	140240
电视柜	1	祥华坊四平组合电视柜	榆木；棕色	200×55×50	7000
茶几	1	博荟生活ICI-BJ00042	金属骨架绕藤	1200×800×350	5999
边几	1	祥华坊箱几	樟木、棕色	560×560×550	2300
单人椅	1	博荟生活ICI-BJ00036	藤制、原木色	715×635×1340	7999

表2、织物类

名称	数量	品牌型号	材质颜色	尺寸(mm)	价格（元）
窗帘	1	ROBERTALLEN	麻质 MARBEL	11米	12220/米
地毯	1	地毯大王701WINTERBEIGE	尼龙	上门测量	580/平
靠垫	若干	ROCHEBOBOISPARIS	布面、手工刺绣；红、卡其、橘黄	500×300 600×600	2500——7500

表3、灯具类

名称	数量	品牌型号	材质颜色	尺寸(mm)	价格（元）
实木地板	略	迪克	圆盘豆 中性黄灰色有纹理	910×92	895/m²
土坯墙面	略	立邦四凸漆	BONEWHITE516-3	略	50/m²
天花乳胶涂料	略	立邦乳胶漆	2501-4蛋白色	略	448/5升
置物白乳胶涂料	略	立邦四凸漆	2501-7棕红色	略	50/m²
红砖	略	雅素丽	MANDAZ砖红色	75×150	650/m²

表4、建材类

名称	数量	品牌型号	材质颜色	尺寸(mm)	价格（元）
主吊灯	1	海菱MD44016	棕红色	550~600	13600
射灯	7	三立轨道射灯	黄白色光	90×90	45/个
轨道	7.5m	三立	白色	1.5m 2m	55 75

表5、开关插座类

名称	数量	品牌型号	材质颜色	尺寸(mm)	价格（元）
开关	2-3	TCL-罗格朗（3联、2联）	白色	85×85	31.8 25.8
台灯地插	1	TCL多功能六孔地插	铜色	120×120	292
电话地插	1	TCL电话地插	铜色	120×120	311

六、效果图展示

室内课程作业 2

矛盾分析
PART 1

室内设计-1. WILLOW. 2009

Client

甲方：易介中 男 39
建筑与城乡趋势研究所博士后暨主持研究员
趋势 文化 创意 时尚 设计 建筑 地产
家庭构成：新婚夫妻（发展性预测）
（甲方）晚上和周末在家（常有学生造访）；
　　　随性，好静/爱好建筑（直线为主）、书籍 /
　　　喜欢年轻的、时尚的、有意思的东西/
　　　不爱打理动、植物/
　　　喜欢明亮的空间
（甲方妻子）每天在家；
　　　喜欢可爱的小品/同上

室内设计-1. WILLOW. 2009

Area Coverage
区位：北京市望京西望京花园西区129楼1207室

室内设计-1.WILLOW.2009

Circumstance
望京花园西区环境

室内设计-1.WILLOW.2009

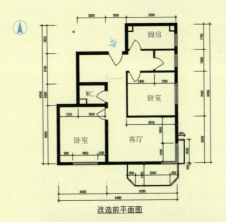

改造前平面图

Indoor Details

户型：2卧1厅 + 1厨1卫 + 1储物
朝向：位于塔楼的东南角
楼层：129楼1207室
建筑面积：约70m² 层高：2.5m（除去吊顶）

室内设计-1. WILLOW. 2009

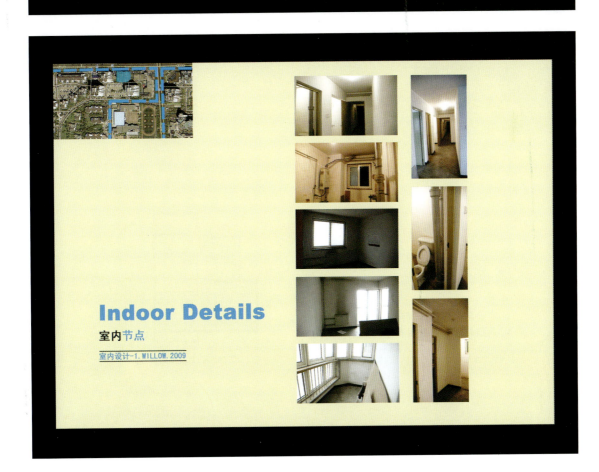

Indoor Details
室内节点

室内设计-1. WILLOW. 2009

Request

甲方要求——
a. 两卧一厅（发展性预测）；
b. 厨、浴要分开（主卧最好有浴用设施和衣帽间）；
c. 有较大的储物空间（主要是收纳衣服、书籍和小品）；
d. 空间比较小，希望可以在视觉上扩大空间；
e. 简洁明亮，墙面可以用一些色彩（色调要年轻）；
f. 希望可以加入一些"🏠"形态的功能物件；
g. 比较偏向哑光家具或装饰.

室内设计-1.WILLOW.2009

Advantages

优点——
a. 主卧与起居室的朝向好，光照程度适合；
b. 入口与起居室之间有过渡空间（玄关）

室内设计-1.WILLOW.2009

Disadvantages

缺点——
a. 厨、浴没有分开；
b. 玄关面积相对过大；
c. 储物空间不合理（收纳）；
d. 厨房到起居室就餐以及次卧到起居室的动线不太合理；
e. 层高较低（收纳）；
f. 实用面积较小（收纳）；
g. 缺乏照明（如图）．

室内设计-1.WILLOW.2009

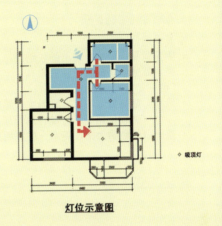

◇ 吸顶灯

灯位示意图

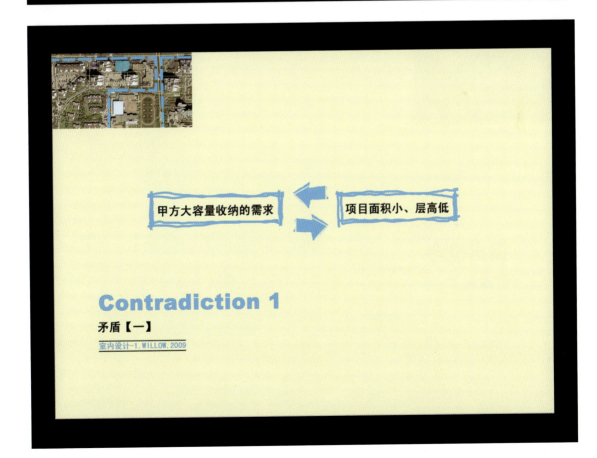

甲方大容量收纳的需求 ⇄ 项目面积小、层高低

Contradiction 1

矛盾【一】

室内设计-1.WILLOW.2009

Furniture

家具采购计划——
a. 固定家具：厨具、墙上的收纳柜；
b. 采用某些多功能为一体的家具
　（可设计定制/隐藏式收纳）；
c. 风格：明亮简洁，以直线为主（建筑爱好）
　　　方便使用（不好动，东西随手可拿）；
d. 整体以浅色调为主，点缀一些深色家具或饰品

装修风格的确定：直线简洁明亮

+甲方要求

室内设计-1. WILLOW. 2009

提出概念
PART 2

室内设计-1. WILLOW. 2009

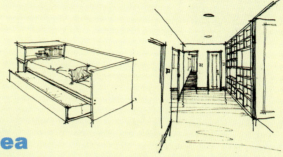

Primary Idea

初步设计概念——趣味收纳（三点）

a. 纵向收纳——由于建筑面积较小，而且楼层较低，横向收纳会削减空间。采用功能墙面纵向收纳，既能增加大容量的收纳，也能从视觉上扩大空间（横纵线条）。

b. 隐藏式收纳——通过采用一些多功能家具（隐藏式收纳），加大收纳的可能性，并且最终达到装饰装修简洁明了的效果。

c. 风格定位——直线、简洁、明亮。

室内设计-1.WILLOW.2009

室内设计-1.WILLOW.2009

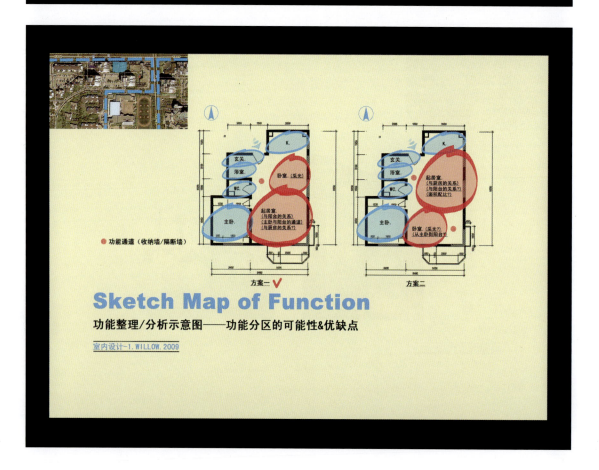

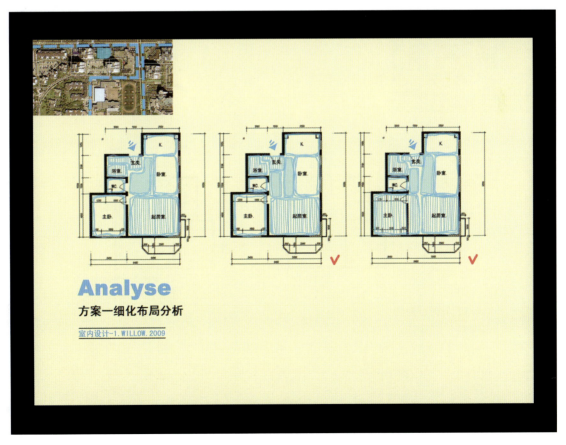

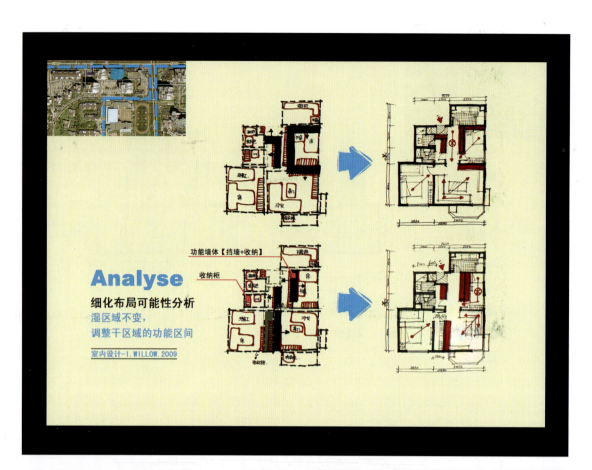

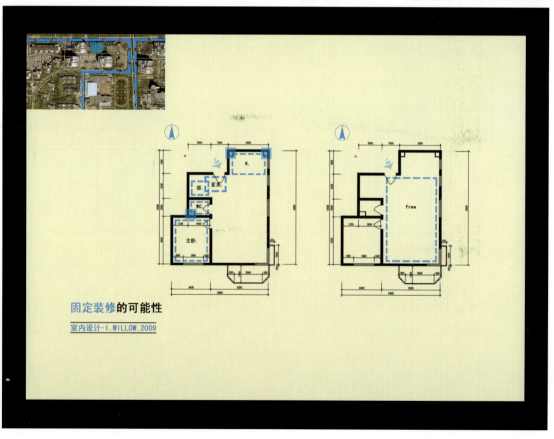

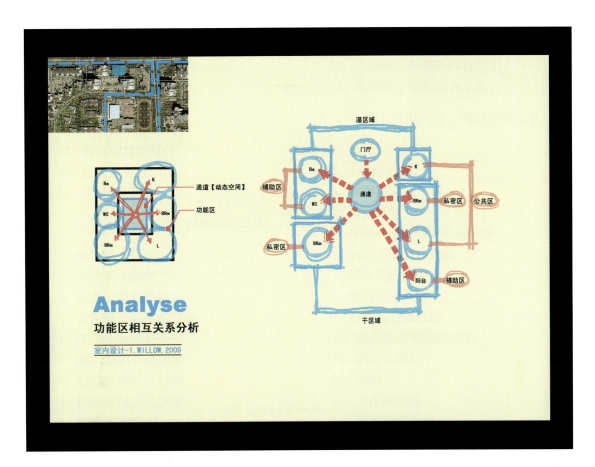

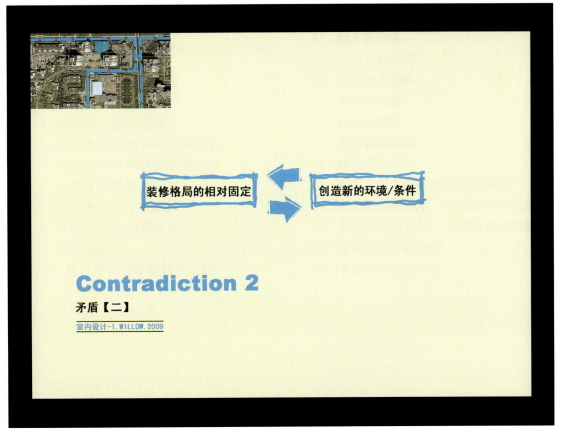

Space Framework

空间组织与面积配比——

	功能	面积（平方米）
a. 私密空间	卧室（2）	13~18（主卧）+8
	浴室（1）	2.9
	洗手间（1）	2.8
b. 公共空间	起居室（1）	13~18
	厨房（1）	6
	玄关（1）	8
	阳台（2）	2.9
	通道（1）	7

室内设计-1. WILLOW. 2009

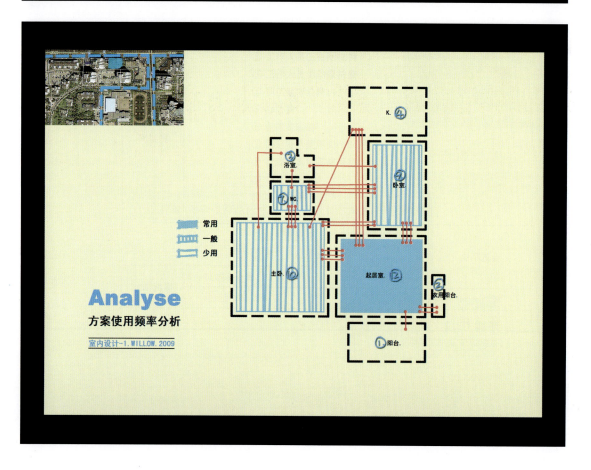

Analyse
方案使用频率分析

室内设计-1. WILLOW. 2009

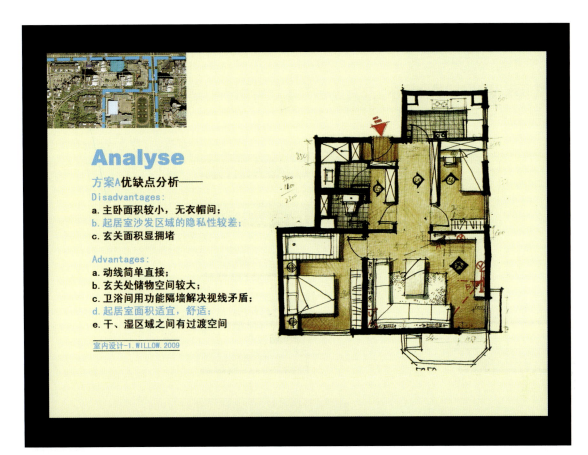

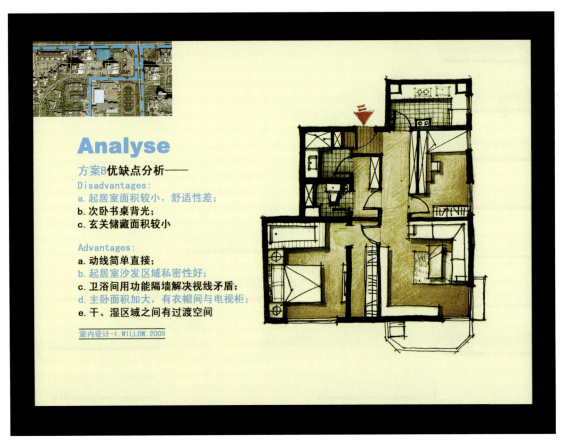

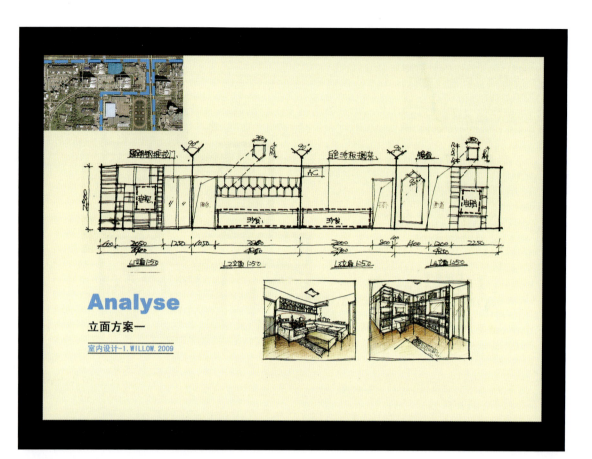
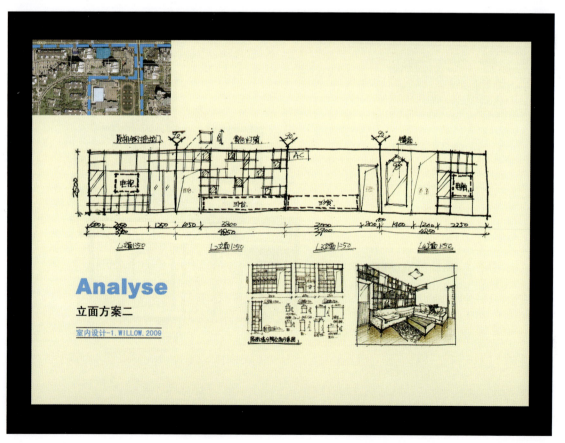

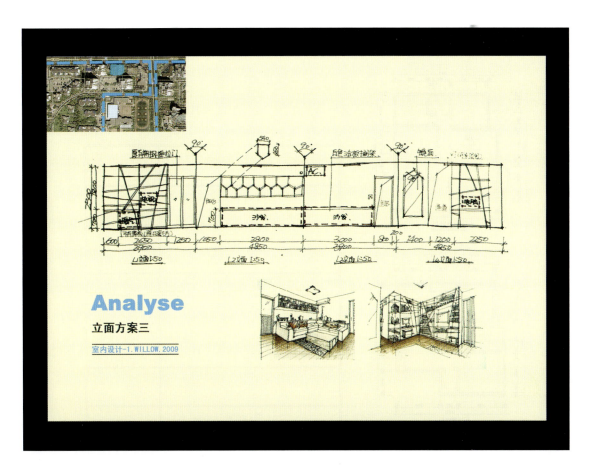

Analyse
立面方案三

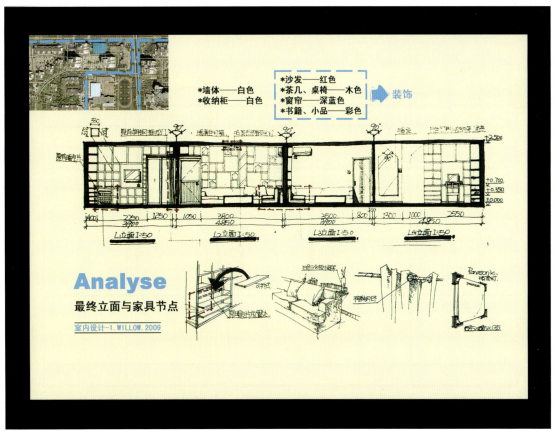

Analyse
最终立面与家具节点

最终方案
PART 4

室内设计-1.WILLOW.2009

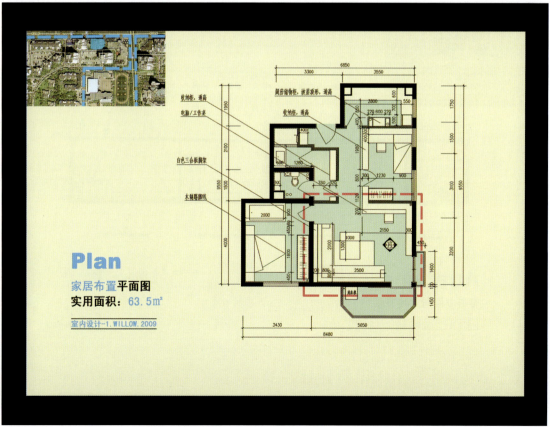

Plan
家居布置平面图
实用面积：63.5m²

室内设计-1.WILLOW.2009

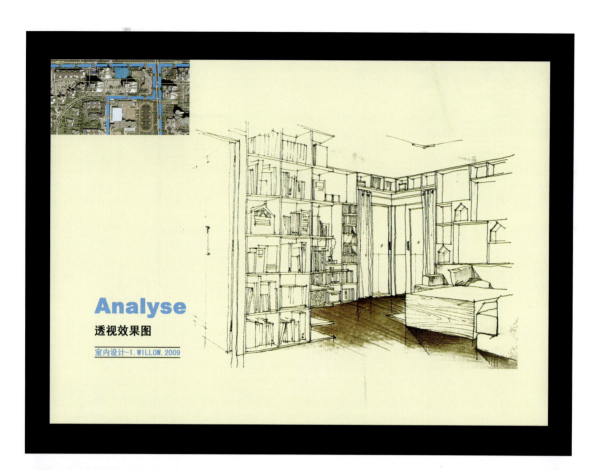

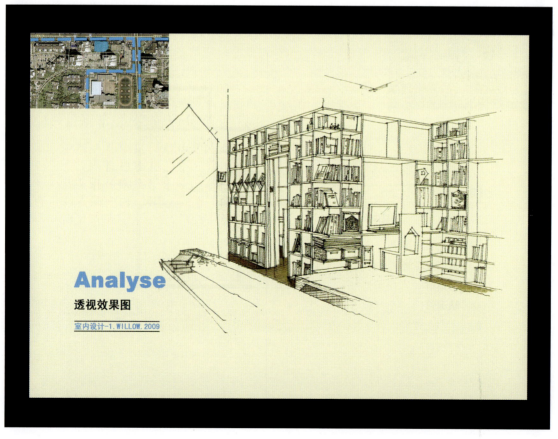

沙发——Kramfors克莱弗三人沙发（红）
a. 用途：脚凳可用作桌子或备用坐凳/多种选择，可组合成转角沙发；
b. 功能：外套可拆卸，有多种选择；
c. 价格：4499RMB

窗帘——Merete（深蓝）
a. 信息：145•250cm/多种颜色/易拆洗；
b. 价格：259RMB；

灯具——Panasonic松下电子方型吸顶式环管荧光灯（黑、白）
a. 用途：1. 72w，685•685•215mm，适用于20~30m²的居室空间/三基色灯管，发光效率约增至1.4倍，显色性约提高1.2倍/高品质的丙烯灯罩，轻薄不易变色，维护简单，坚固耐用/安全省电（为白炽灯的2/3）；
2. 32w，565•565•135mm，适用于12~20m²的居室空间/（同上）
b. 功能：消除频闪/节能20%/消除噪音/瞬时点亮
c. 价格：648/359RMB；

Furnitures
家具选材

室内设计-1.WILLOW.2009

木材——水曲柳饰面板
（厚3，长2440×宽1220×3.0）
1. 信息：树质略硬/纹理直/结构粗/耐腐/耐水性较好/易加工/不易干燥/韧性大/胶接、着漆、着色性能均好/具有良好的装饰性能
2. 价格：58RMB/张
（白色三合板，24RMB/张）

竹地板——井泰竹地板（12mm）
1. 信息：性质稳定，收缩和膨胀要比实木地板小/密度高/韧性好/强度大/不易变形/质地光洁/防霉/防蛀/阻燃/防静电/无副作用及安装方便/预防风湿病症/保健/减少噪音；
2. 价格：110~200RMB/m²；

Furnitures
家具选材

室内设计-1.WILLOW.2009

215

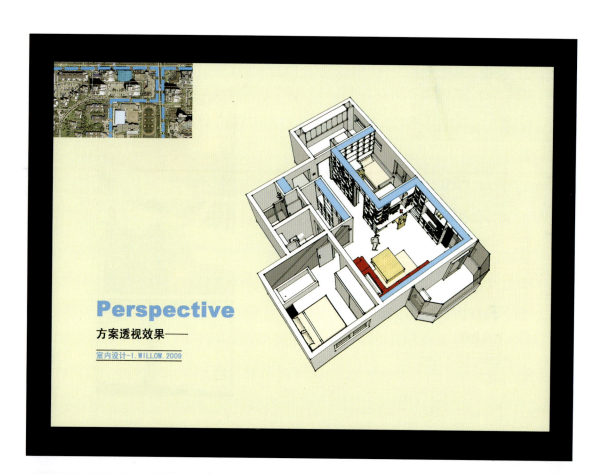
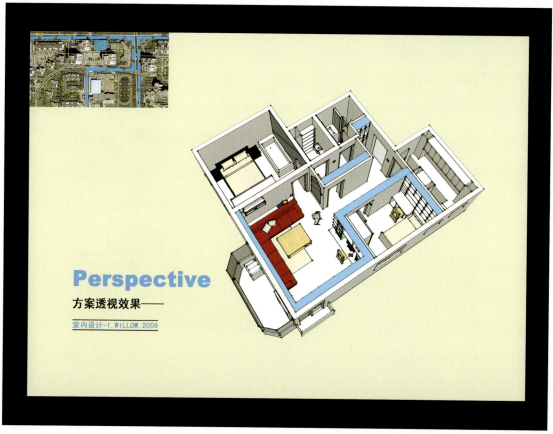

Section
立面效果
室内设计-1.WILLOW.2009

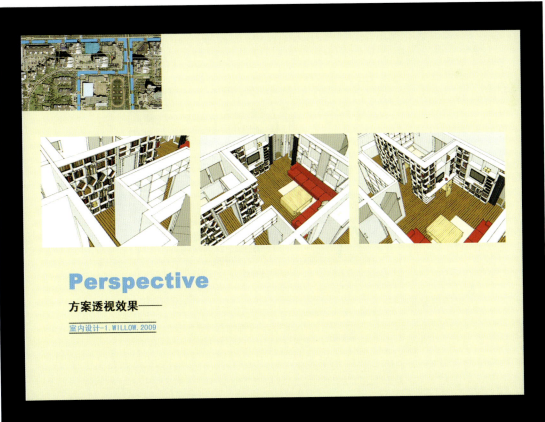

Perspective
方案透视效果——
室内设计-1.WILLOW.2009

Perspective
方案透视效果——
室内设计-1.WILLOW.2009

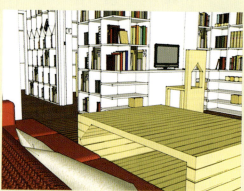

Perspective
方案透视效果——
室内设计-1.WILLOW.2009

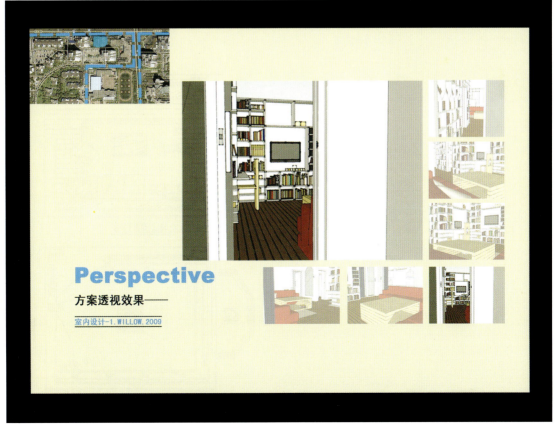

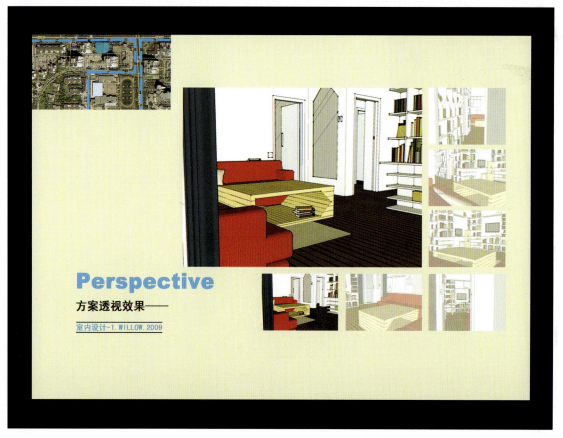

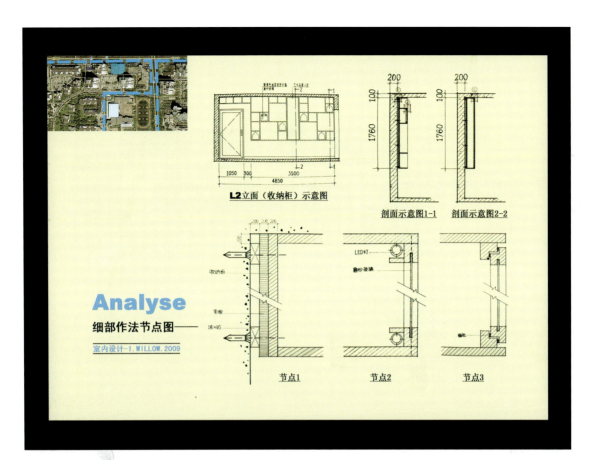

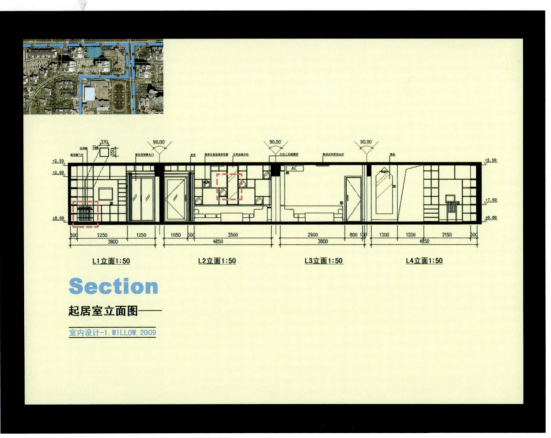

主 要 参 考 书 目

1. MARK KARLEN. SPACE PLANN ING BASICS. VAN NOSTRAD REINHOLD，1993
2. FRANCISD. K. CHING. INTERIOR DESIGN ILLUSTRATED. VAN NOSTRAD REIN HOLD，1987
3. SPIRO KOSTOF. AH ISTORY OF ARCH ITEC-TURE SETTINGSAND RITUALS. OXFORD UN IV ERSITYPRESS，1985
4. 郑曙旸. 室内设计. 长春：吉林美术出版社，1996
5. [美]保罗·拉索著，邱贤丰译，陈光贤校. 图解思考. 北京：中国建筑工业出版社，1988
6. 彭一刚. 中国古典园林分析. 北京：中国建筑工业出版社，1986
7. 王卫国主编. 饭店改造与室内装饰指南. 北京：中国旅游出版社，1997
8. 罗小未，蔡琬英. 外国建筑历史图说. 上海：同济大学出版社，1986
9. 张启人著. 通俗控制论. 北京：中国建筑工业出版社，1992
10. 建筑设计资料集(第二版) 北京：中国建筑工业出版社，1994
11. 张绮曼，郑曙旸. 室内设计资料集. 北京：中国建筑工业出版社，1991
12. 张绮曼，郑曙旸. 室内设计实录集. 北京：中国建筑工业出版社，1996